和机器人一起学编程

大颗粒电子积木一级 ①

盛通教育研究院　编著

清华大学出版社
北　京

图书在版编目（CIP）数据

和机器人一起学编程：大颗粒电子积木一级 / 盛通教育研究院编著.— 北京：清华大学出版社，2024.12

ISBN 978-7-302-63261-0

Ⅰ.①和… Ⅱ.①盛… Ⅲ.①程序设计－少年读物 Ⅳ.①TP311.1-49

中国国家版本馆CIP数据核字（2023）第058774号

责任编辑：肖　路
封面设计：北京乐博乐博教育科技有限公司
责任校对：欧　洋
责任印制：杨　艳

出版发行：清华大学出版社
网　　址：https://www.tup.com.cn, https://www.wqxuetang.com
地　　址：北京清华大学学研大厦A座　**邮　　编：**100084
社 总 机：010-83470000　**邮　　购：**010-62786544
投稿与读者服务：010-62776969, c-service@tup.tsinghua.edu.cn
质量反馈：010-62772015, zhiliang@tup.tsinghua.edu.cn
印 装 者：北京盛通印刷股份有限公司
经　　销：全国新华书店
开　　本：185mm × 200mm　**印　　张：**12.8　**字　　数：**195千字
版　　次：2024年12月第1版　**印　　次：**2024年12月第1次印刷
定　　价：150.00元（全四册）

产品编号：095644-01

注意事项及使用说明

注意事项

1. 积木很坚硬，请不要将积木放入口中或者咬积木。
2. 不可以乱扔积木，被积木硌到会很痛的。
3. 请不要把积木放到水里或者火边。
4. 请小心积木尖锐的部位，切勿向他人挥动或投掷积木。
5. 请勿拆解电子积木，要在家长或教师的看护下进行组装和操作。
6. 每次积木使用完后记得分类整理，便于下次使用。
7. 配合充电线给电池充电，在每次搭建前完成充电工作。

使用说明

1. 在使用本书时，需要家长协助和引导，幼儿年龄越小，家长参与度越高哦！
2. 在“作品导语”和“学习目标”环节，明确了主题内容及幼儿的学习目标。
3. 在“思考一下”及“拓展游戏”环节，知识点以游戏的方式展开，旨在发展幼儿的思维，同时巩固编程知识点和搭建方法。
4. 在搭建过程中，不需要按照搭建步骤图搭建出一模一样的模型。在搭建中多引导幼儿发挥想象，享受搭建的过程。
5. 搭建过程中幼儿会遇到各种困难，家长需耐心指引，引导幼儿探索问题。

常用积木

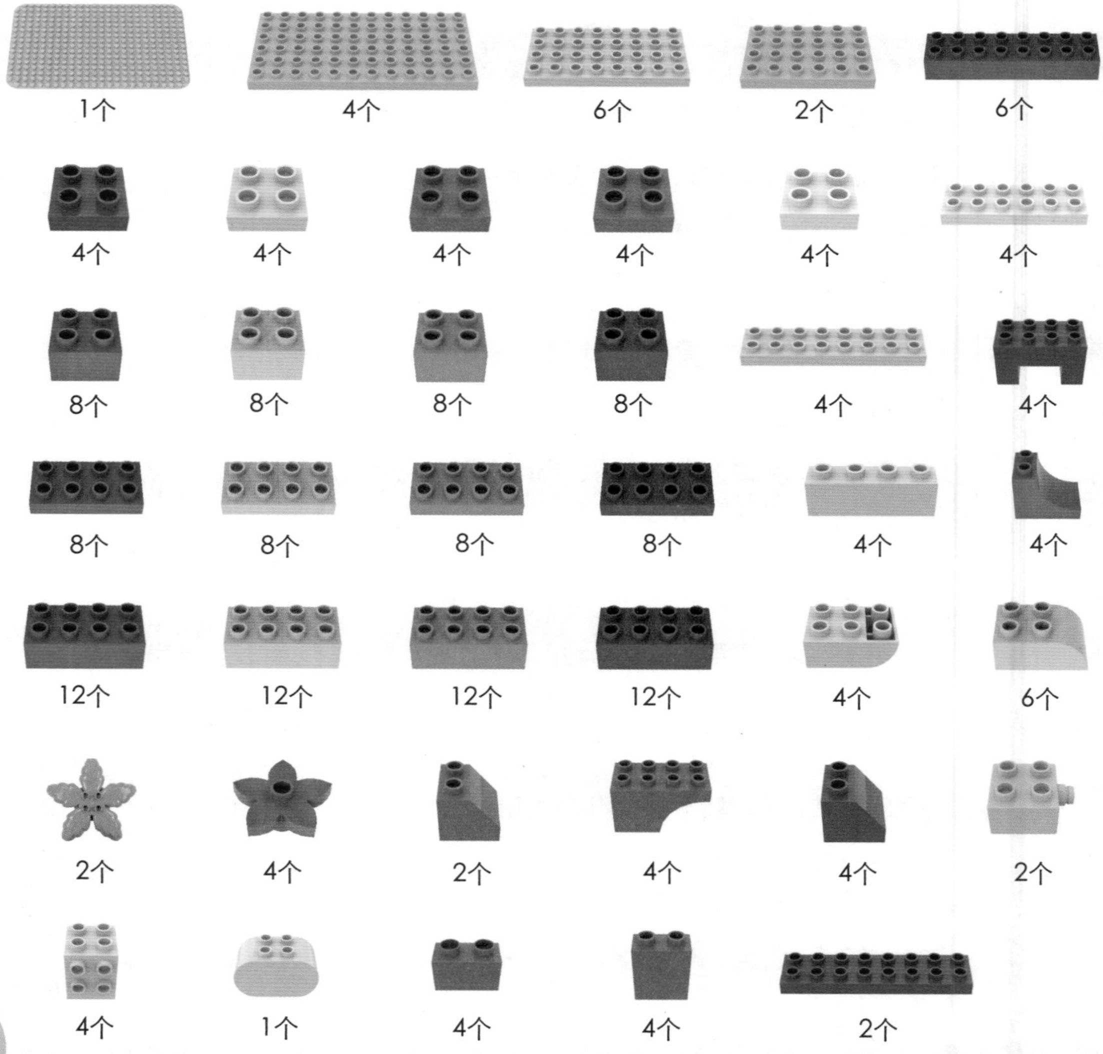

1个 4个 6个 2个 6个

4个 4个 4个 4个 4个 4个

8个 8个 8个 8个 4个 4个

8个 8个 8个 8个 4个 4个

12个 12个 12个 12个 4个 6个

2个 4个 2个 4个 4个 2个

4个 1个 4个 4个 2个

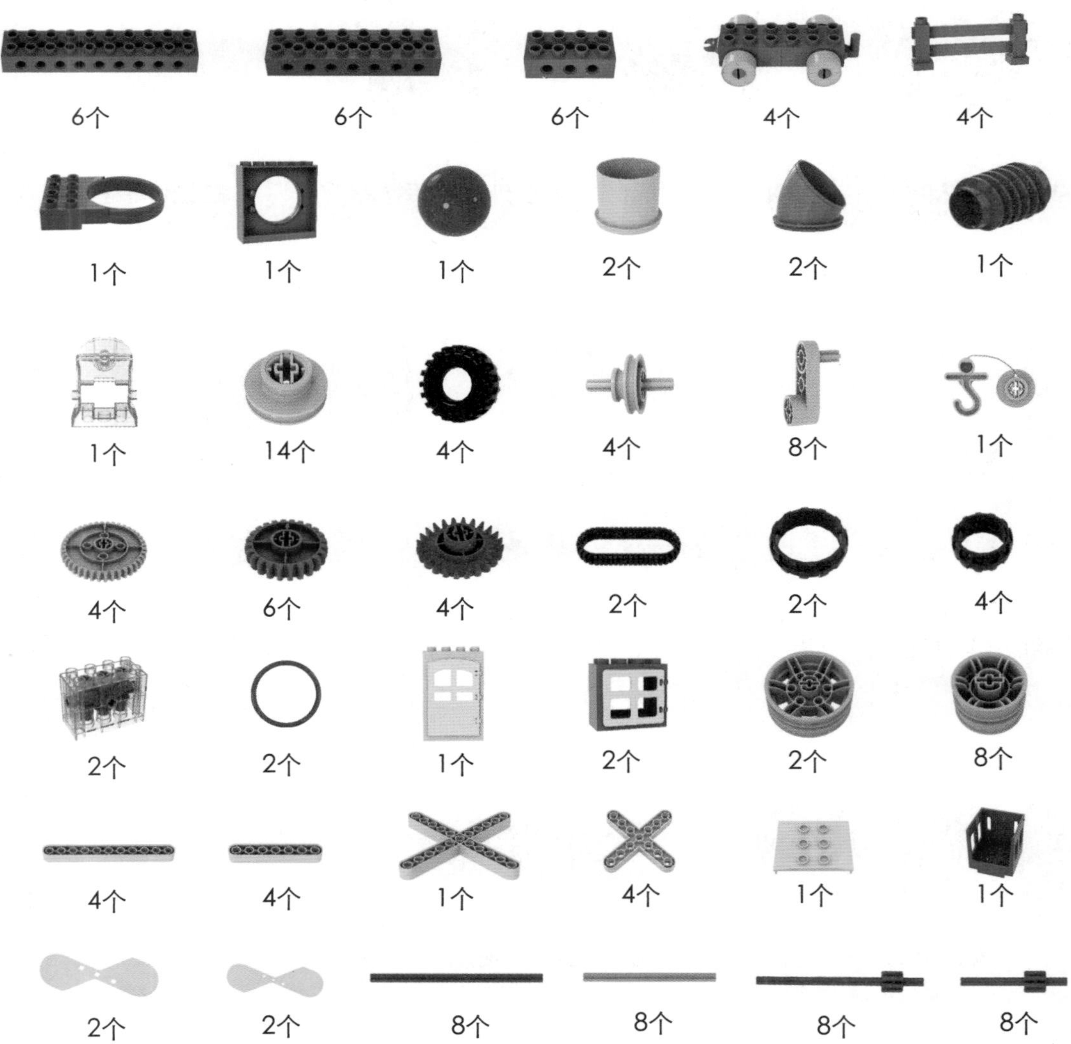
6个 6个 6个 4个 4个
1个 1个 1个 2个 2个 1个
1个 14个 4个 4个 8个 1个
4个 6个 4个 2个 2个 4个
2个 2个 1个 2个 2个 8个
4个 4个 1个 4个 1个 1个
2个 2个 8个 8个 8个 8个

电子积木

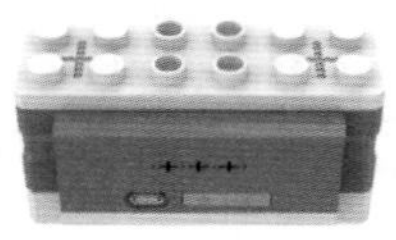
无线幼教马达1个

全彩LED灯模块1个

红外测距传感器1个

触碰传感器1个

其他配件

智能点读笔1支

白色手机充电器1个

充电线(Type-C)1根

编程2.0小白板1块

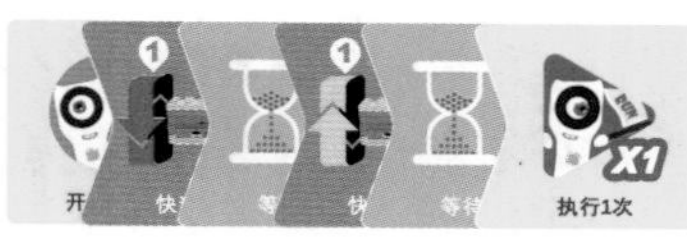

磁卡82张

大颗粒电子积木使用手册1本

目录

第一单元：我爱我的家

我是小园丁

作品导语

本节课可以让幼儿了解园丁的工作，知道花朵的生长离不开园丁的辛勤照顾，并能通过语言描述花朵的种类、生长过程。在游戏中进行数字与数量的对应以及颜色辨别，提升幼儿的认知。

学习目标

- 简单叙述花的生长过程和花的种类。
- 遇事有耐心，不急躁，尊重他人的不同想法。
- 自主制定游戏规则，能够遵守课堂纪律。
- 能描述什么是互锁结构，并使用该结构。
- 辨别颜色与 5 以内数字。
- 知道作为小园丁该如何照顾花。

主题作品

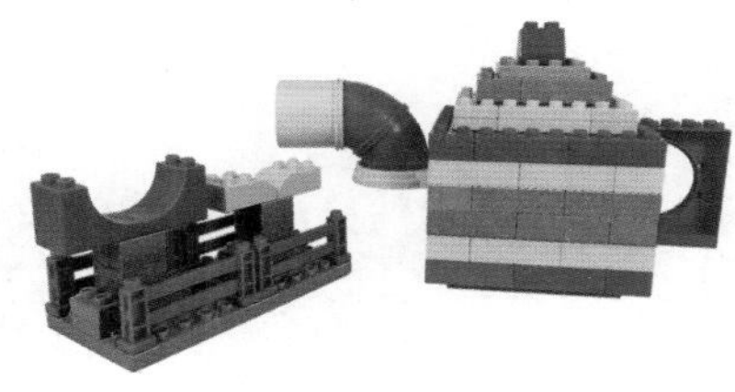

★ 请根据花朵的颜色，与对应颜色的花朵连接起来。

★ 请正确点数每组物品的数量，并和对应的数字连接起来。

1

2

3

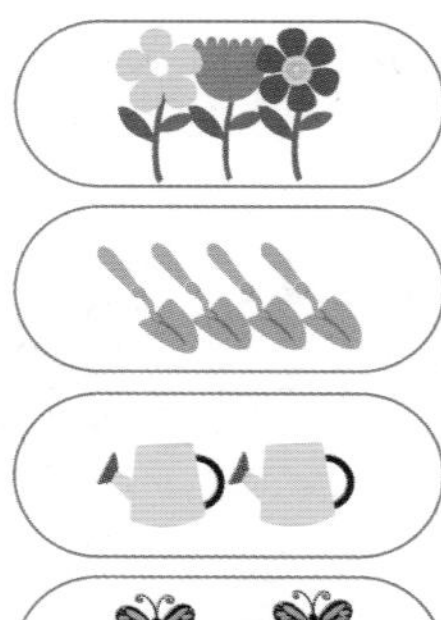

创意搭建

1 搭建参考 壶身和把手

2 搭建参考 盖子和喷嘴

3 搭建参考 小花园

★【多选题】思考一下，今天主要使用了哪几种互锁结构搭建喷壶的壶身？请在对应的圆圈中涂上颜色。

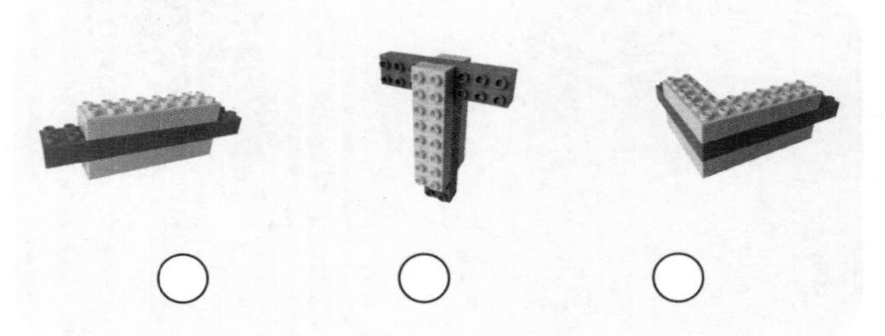

○ ○ ○

★【单选题】观察一下，搭建喷壶盖子时，使用了哪种互锁结构？请在对应的圆圈中涂上颜色。

○ ○ ○

总结与延伸

1. 本作品搭建的难点在于让幼儿学习三种不同的互锁结构，从而增强幼儿手部精细动作能力；
2. 在认知环节，能够进行数字与数量的对应，以及颜色的分辨；
3. 家长可以和幼儿进行亲子互动游戏，让幼儿扮演小园丁的角色，模拟给花朵浇水的场景。

咔嚓！看这里

作品导语

本节课可以让幼儿了解相机的用途及外形特点，引导幼儿了解拍照的意义及常见的拍照场景，通过搭建巩固互锁结构的应用，锻炼幼儿手眼协调能力，通过互动游戏感受其中的乐趣。

学习目标

- 学习相机的用途和基本结构。
- 能够愉快地与小伙伴进行游戏互动。
- 能较好地适应集体生活。
- 独立完成互锁结构的搭建，理解管道的连接方式。
- 理解什么是垒高和围合，思考个体建构过程。
- 通过游戏，感受游戏的乐趣。

主题作品

★ 这两张照片有 5 处不一样的地方，请把它们圈出来。

★【多选题】请说一说我们可以在哪些时刻拍照留念，请在对应的圆圈中涂上颜色。

出去游玩，看风景

过年全家福

特殊时刻

创意搭建

1 搭建参考 相机镜头

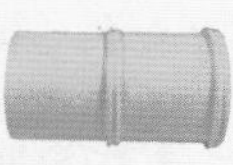

2 搭建参考 相机机身

3 搭建参考 相机顶部

★【单选题】仔细观察，下面图中哪组管道的连接方式是正确的？请在对应的圆圈中涂上颜色。

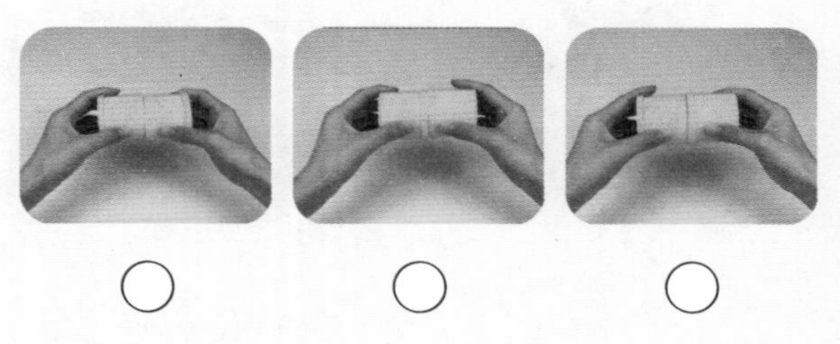

★【多选题】搭建相机机身时，使用了哪几种互锁结构？请在对应的圆圈中涂上颜色。

总结与延伸

1. 本作品搭建的难点在于搭建相机机身时，会出现高度不一致的情况，此时需要幼儿进行差距补齐；
2. 相机的镜头需要使用管道搭建，幼儿需要掌握管道的正确连接方式；
3. 家长可以和幼儿进行亲子互动游戏，模拟拍照场景，让幼儿扮演摄影师进行拍照。

灵活的身体

作品导语

低龄的幼儿对周围世界充满浓厚的兴趣，随着年龄的增长，他们逐渐意识到自己与他人的不同。本节课将带领幼儿认识自己的身体，学会辨别与他人的不同，知道在生活中如何保护自己。同时，引导幼儿探究编程笔的使用方法，并发现事物之间的关联。

学习目标

- 了解人体的结构组成并完成搭建。
- 了解男生女生身体部位的不同。
- 不会因为小事而轻易哭闹。
- 愿意和其他人一起游戏，不争抢玩具。
- 学习互锁和垒高搭建。
- 通过观察描述每个人的外貌特点，以及与他人的不同。
- 喜爱和关心自己的家人，具有安全意识。

主题作品

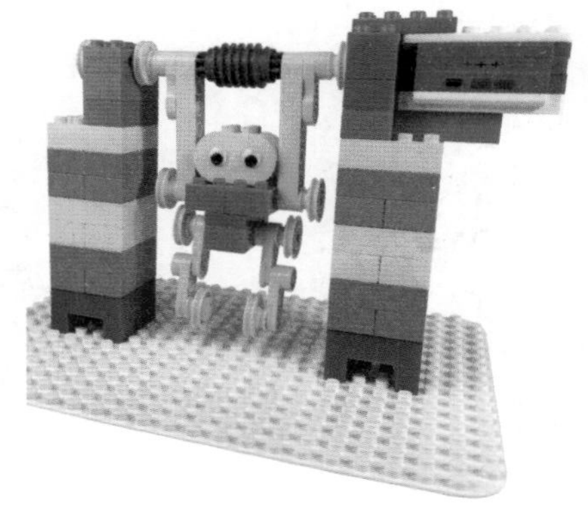

★ 找到以下器官各自的功能，用线连接起来。

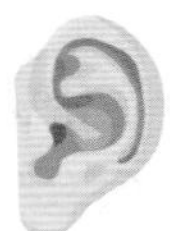 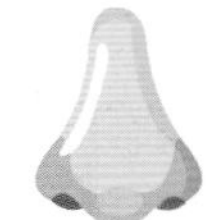 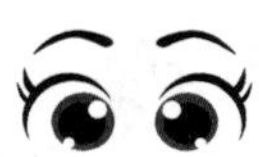  

   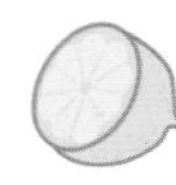 

★ 请说一说，在成长过程中，我们的身体会有哪些变化？

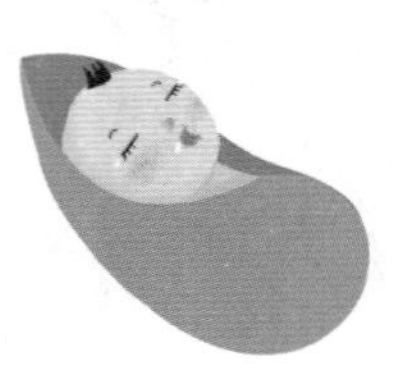
刚出生

1岁

3岁

5岁

1 搭建参考 身体结构

2 搭建参考 单杠

★【单选题】仔细观察，哪个是正确的平面互锁结构？请在对应的圆圈中涂上颜色。

★【单选题】思考一下，我们使用了哪种积木把两根轴进行延长？请在对应的圆圈中涂上颜色。

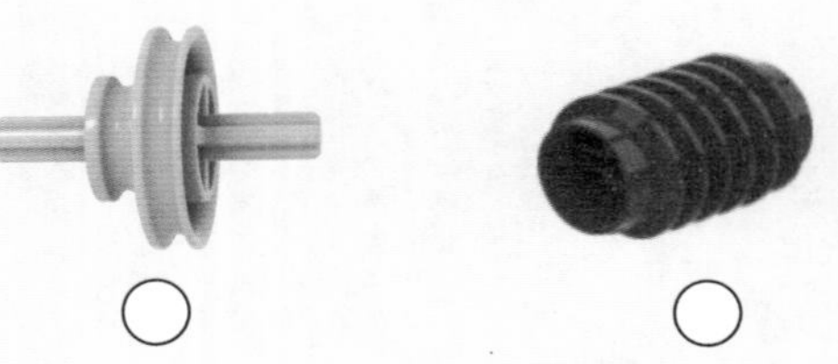

★【单选题】我们应该使用摇杆的哪个方向控制机器人进行运动？请在对应的圆圈中涂上颜色。

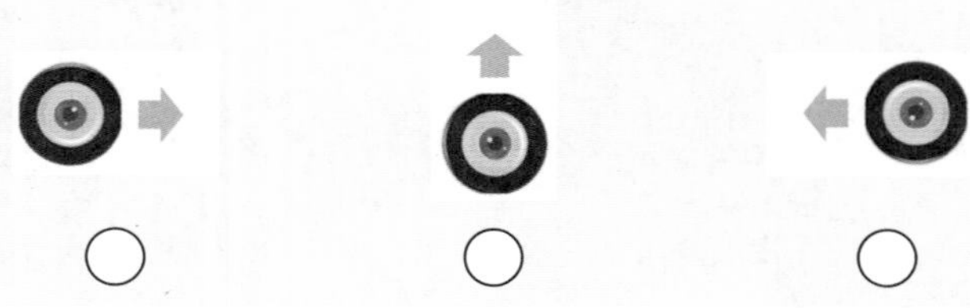

总结与延伸

1. 本作品搭建的难点在于互锁结构和黄梁的固定，可先引导幼儿描述这些结构的使用方法，再通过实践操作加以巩固；
2. 编程笔可以控制模型做出指定动作，通过编程让幼儿理解事物之间的关联，学会辨别方向；
3. 家长可以向幼儿发布指令，让幼儿进行编程，控制机器人实现向上或向下摆动。

有趣的跷跷板

作品导语

玩跷跷板是幼儿非常喜欢的一项趣味活动，它利用杠杆原理实现一上一下的往复运动。本节课可以让幼儿了解跷跷板的结构，掌握玩跷跷板的注意事项，探究杠杆结构的原理，辨别物体的轻重。通过编程笔控制跷跷板运动，幼儿还可以感受游戏所带来的乐趣。

学习目标

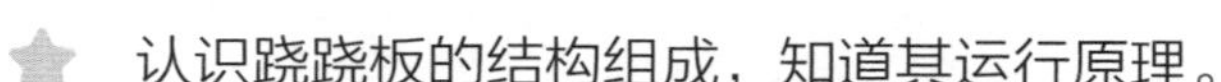

- 认识跷跷板的结构组成，知道其运行原理。
- 能够遵守课堂纪律，主动学习。
- 愿意与他人分享，喜欢承担一些小任务。
- 学习对称概念、巩固互锁结构和两点固定结构。
- 在游戏中探究物品重量不同所带来的变化。
- 感受游戏所带来的乐趣，了解安全常识。

主题作品

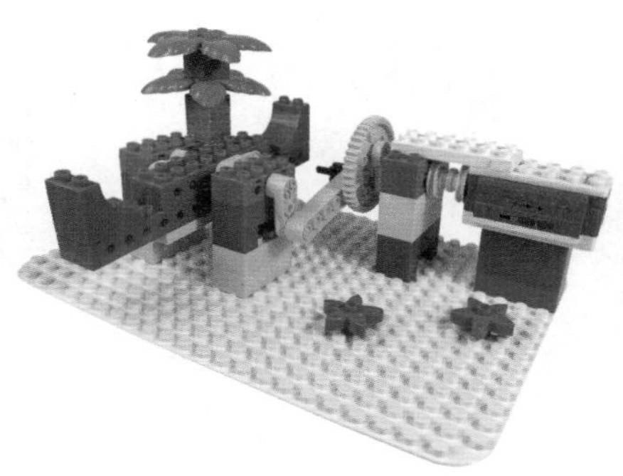

【单选题】下面图中，哪组幼儿的坐姿是正确的？请在对应的圆圈中涂上颜色。说一说其他选项不正确的原因是什么。

○ ○ ○

比一比，看看这两组跷跷板，哪一边会更重一些？把重的一边圈出来。

创意搭建

1 搭建参考 跷跷板横梁

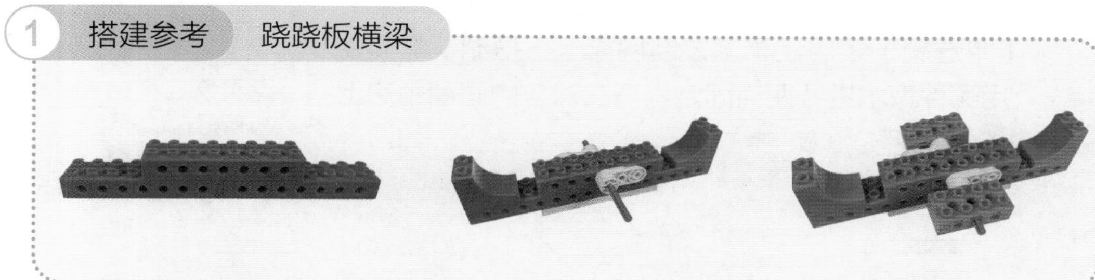

2 搭建参考 跷跷板支柱

3 搭建参考 传动装置

【单选题】要想让马达控制横梁上下摆动，需要使用哪种积木进行两点固定？请在对应的圆圈中涂上颜色。

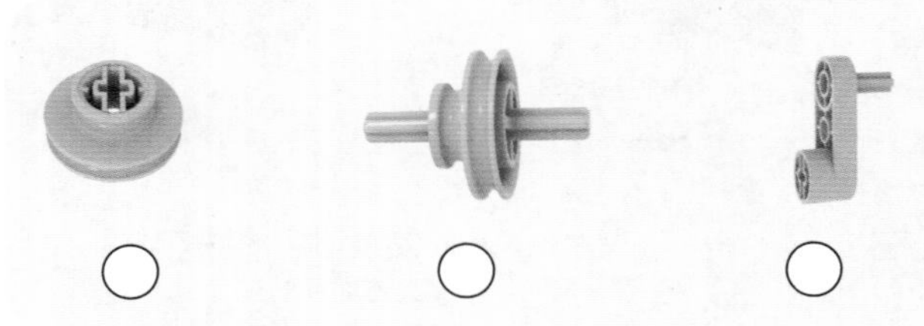

【单选题】找一找，下面图中哪个是正确的杠杆结构，请在对应的圆圈中涂上颜色。

总结与延伸

1. 本作品的难点在于杠杆结构的搭建，需要幼儿先理解什么是杠杆结构，然后再实践；
2. 搭建过程中，需要保证横梁是对称的，安装座椅时需要双手配合；
3. 家长可与幼儿进行游戏，在无马达的情况下，在跷跷板两端摆放物品，测试物品重量。

好玩的潜水艇

作品导语

本节课可以让幼儿简单了解潜水艇的用途和外形特点，巩固管道的连接方式，探究两点固定结构。通过搭建海底动物，增强幼儿对异型积木的灵活使用，学会设计游戏场景。

学习目标

- 学习潜水艇的用途和基本结构。
- 勇敢自信，面对问题时耐心处理。
- 遵守课堂行为准则，珍惜他人的劳动成果。
- 独立完成管道和两点固定结构的正确连接。
- 观察物体摆放规律，发现事物关联。
- 热爱海洋生物，感受科学家的研发精神。

主题作品

★ 潜水艇发现了很多海洋生物，请你根据样框中的排列方式，把它们圈出来。

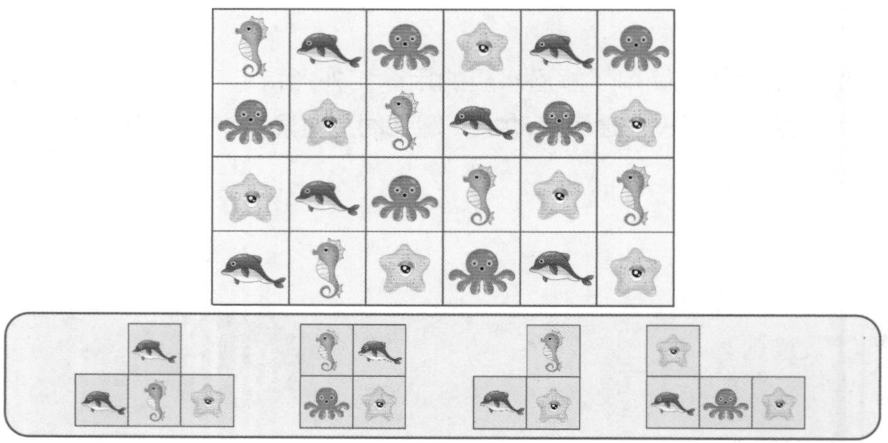

★ 给潜水艇涂上你喜欢的颜色吧！

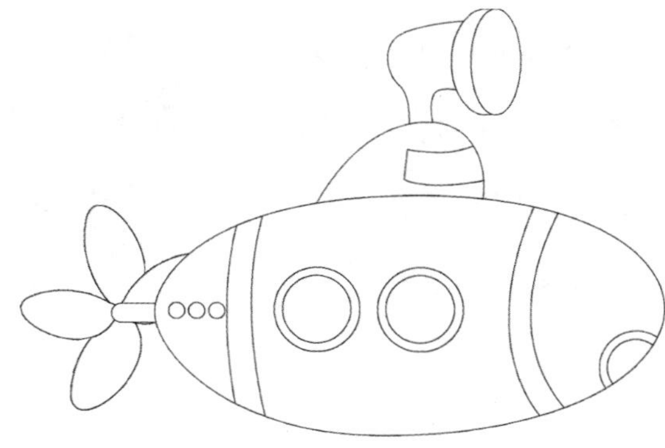

创意搭建

1 搭建参考 船体和动力装置

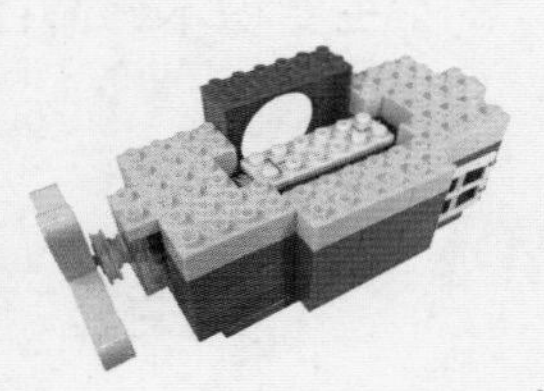

2 搭建参考 潜望镜

3 搭建参考 海洋生物

★【多选题】搭建动力装置结构时，使用了哪几种主要积木？请在对应的圆圈中涂上颜色。

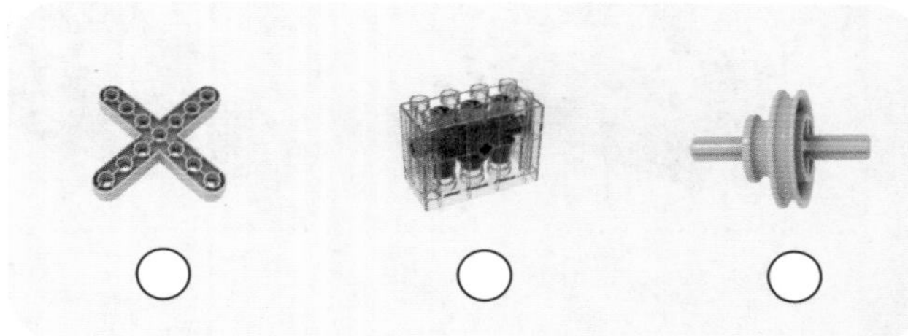

★【单选题】下面图中，哪组的管道环和管道连接方式是正确的？请在对应的圆圈中涂上颜色。

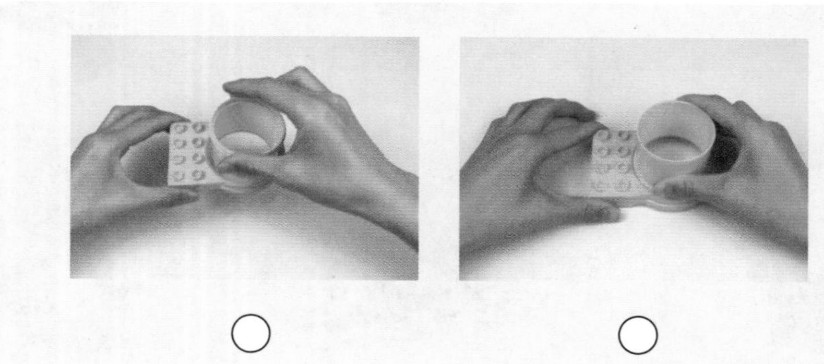

总结与延伸

1. 本作品引导幼儿认识潜水艇的结构，并进行个体空间布局；
2. 通过搭建海底生物，幼儿可以灵活利用异型积木配合搭建，发挥他们的想象力；
3. 家长可与幼儿进行更多海底生物的搭建，也可结合有关海底的绘本进行场景布置，和幼儿一起创编故事内容，发展幼儿的语言表达能力。

臭臭不见啦

作品导语

在幼儿阶段，孩子们对上厕所的认知还不够成熟，有时即使有了大便或者小便的感觉，也不和家长主动说明，还经常会出现上厕所不擦屁股、不洗手等行为。本节课将会通过图片故事引导幼儿自主表达身体的不适情况，让他们了解臭臭在马桶中的旅行，培养幼儿便后擦屁股和洗手的良好习惯。

学习目标

- 认识马桶结构组成及用途，辨别厕所标志。
- 在成人帮助下能够尽快适应集体生活。
- 愿意和其他幼儿一起游戏，知道想上厕所时，需要立刻告诉成人。
- 学习合页结构。
- 探究里外上下的概念。
- 知道上厕所的基本顺序，养成良好的卫生习惯。

主题作品

★ 这两个小朋友应该去哪个标志的卫生间呢？请把对应的图像用线和他们连起来吧！

★ 在生活中我们使用马桶的顺序是什么呢？请在对应的数字区域涂上颜色。

冲马桶

1	2	3

洗手

1	2	3

拉臭臭

1	2	3

创意搭建

1 搭建参考 马桶底座和水管

2 搭建参考 马桶座和马桶盖

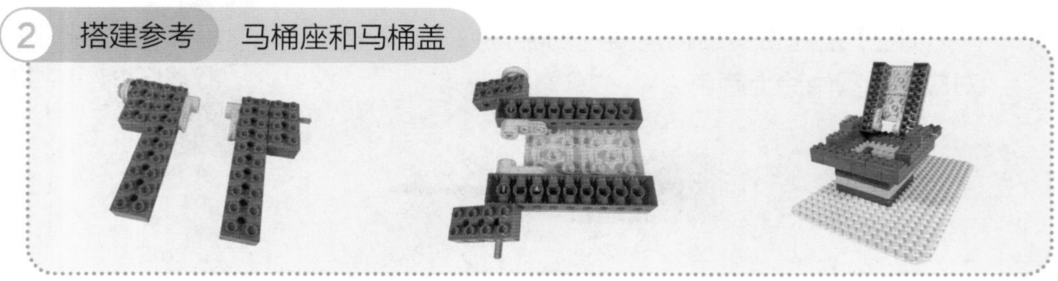

3 搭建参考 马桶水箱

★【多选题】马桶水管的搭建用到了哪些积木呢？请在对应的圆圈中涂上颜色。

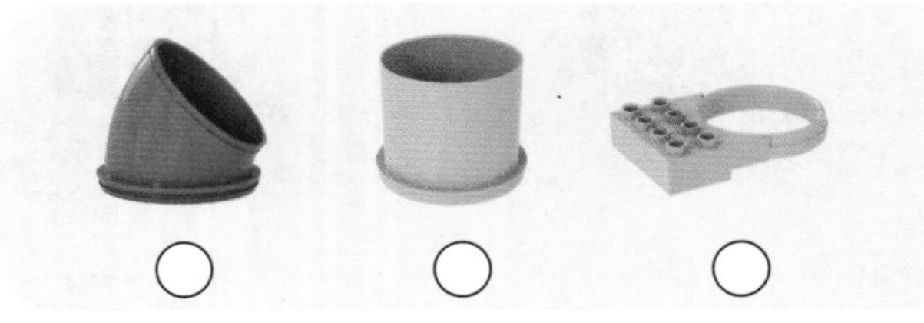

★【多选题】搭建合页结构需要用到哪些积木呢？请在对应的圆圈中涂上颜色。

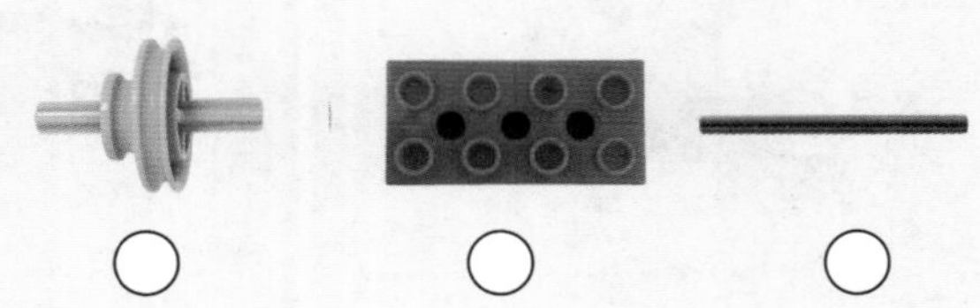

★【单选题】思考一下，哪种连接方式可以让红色孔梁跟着马达旋转？请在对应的圆圈中涂上颜色。

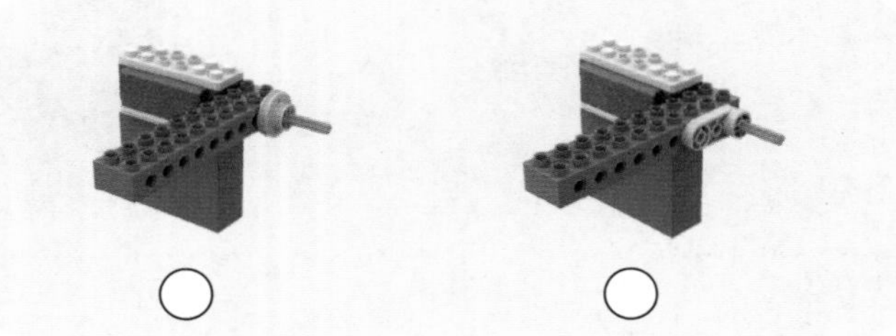

总结与延伸

1. 本节课引导幼儿认识男女卫生间的标志，了解马桶的结构组成，探究马桶盖的合页结构；
2. 家长可以和幼儿共同探索臭臭之旅，也可通过相关视频或者绘本进一步激发幼儿的好奇心与探索欲；
3. 让幼儿知道便后要擦屁股和洗手，培养幼儿良好的生活习惯。

第二单元：生活大探秘

智能台灯

本节课将带着幼儿探索台灯这种日常用品，了解台灯的工作原理，锻炼幼儿的观察力和动手能力，同时探究台灯的结构组成和用途，并简单了解汉堡包结构。通过游戏，让幼儿了解台灯的种类及不同功能，在发展思维的同时，感受游戏的乐趣。

学习目标

- 认识台灯的结构组成及用途，了解在生活中可以发光的物品。
- 自己能做的事情愿意自己做。
- 能够为自己或他人取得成果而感到高兴。
- 熟练使用互锁结构，探究汉堡包和两点固定结构。
- 学习灯光卡片的应用，感受其带来的效果。
- 知道光在生活中的应用，增强节约用电的意识，认知颜色。

主题作品

★ 请把右边工具栏中对应的形状和台灯的阴影连接到一起吧！

★ 根据台灯发出的光，把灯泡涂上对应的颜色吧！

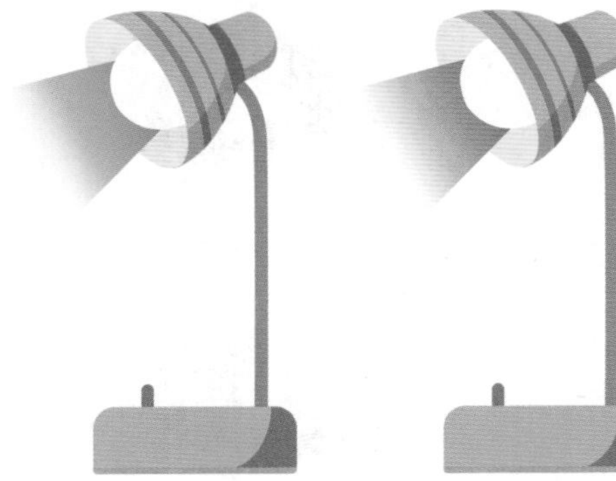

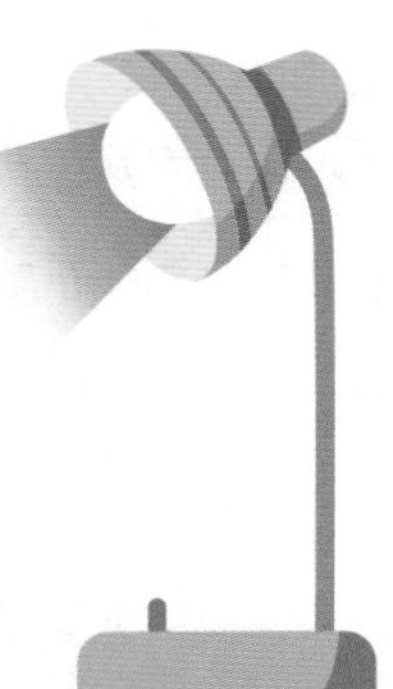

创意搭建

1 搭建参考 台灯底座

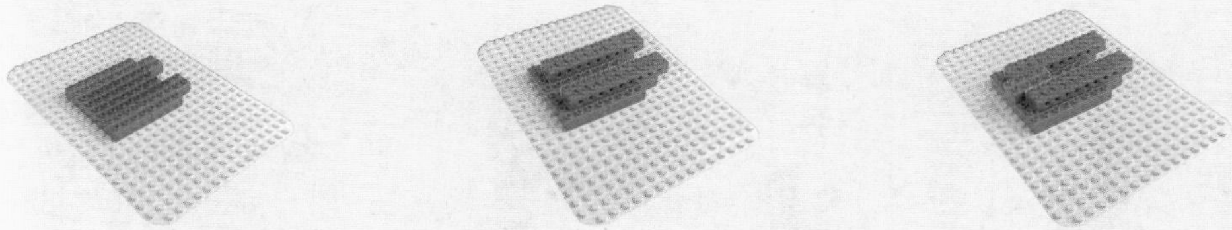

2 搭建参考 台灯支架

3 搭建参考 灯罩和灯

总结与延伸

1. 本节课让幼儿体验了不同的编程形式，观察事物之间的关联性；
2. 本作品搭建的难点在于如何固定支架和灯罩，可以利用两点确定一条直线的方式进行支架的固定，利用向内互锁的原理进行灯罩的搭建；
3. 家长可以和幼儿进行亲子互动游戏，家长说出灯光颜色，幼儿调节出对应的灯光颜色。

★【多选题】哪些图片是正确的汉堡包结构？请在对应的圆圈中涂上颜色。

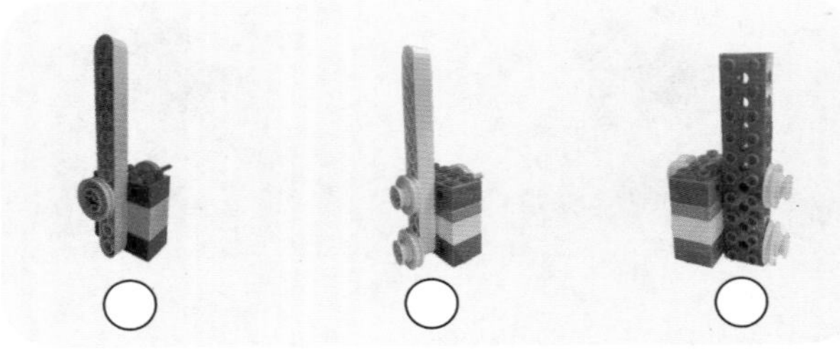

★【单选题】灯罩的搭建利用了哪种互锁结构？请在对应的圆圈中涂上颜色。

★【单选题】如果想要关闭灯光，需要点击哪张编程卡片？请在对应的圆圈中涂上颜色。

美味的面条

幼儿喜欢问为什么，当吃到某种东西的时候，喜欢询问这个是怎么做的。本节课以压面机为主题，介绍面条是怎样制作出来的，锻炼幼儿的观察力和动手能力，同时探究压面机的结构组成和用途，简单了解齿轮的传动原理。并通过使用编程笔的点读编程方式，控制压面机进行快速或慢速旋转。

- 认识压面机的结构组成，能够说出各结构名称及用途。
- 在搭建过程中，培养耐心处理问题的能力。
- 在成人的引导下，学会爱护积木和其他物品。
- 探究齿轮平行传动原理及其应用，熟练使用互锁结构。
- 巩固点读的编程方式，实现压面机快速或慢速旋转。
- 让幼儿体会父母的辛苦，学会与他人分享美食，了解面条的制作过程。

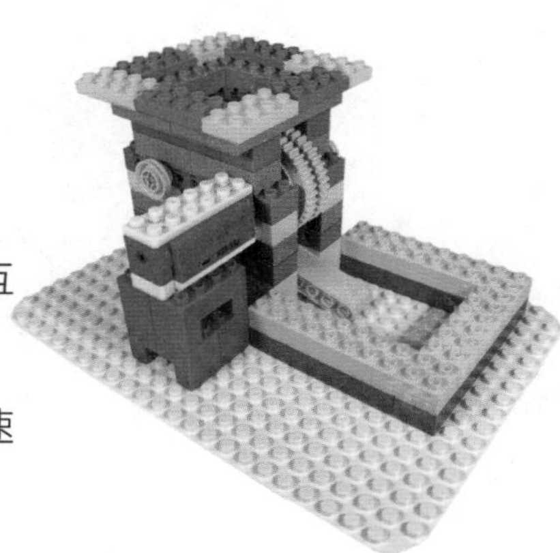

【多选题】你知道做面条需要使用哪些食材吗？请把正确的图片圈出来吧！

你知道做面条的顺序吗？请找出每个步骤对应的正确数字，并用线连接起来。

  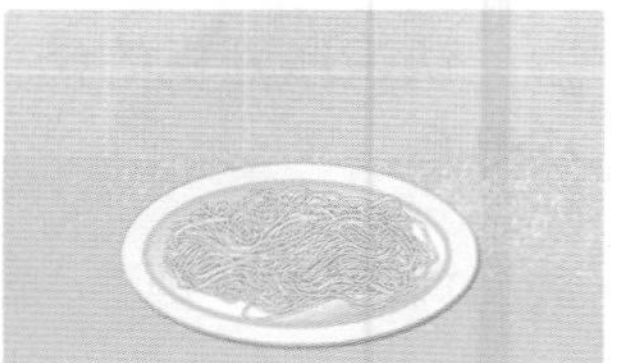

① ② ③ ④ ⑤

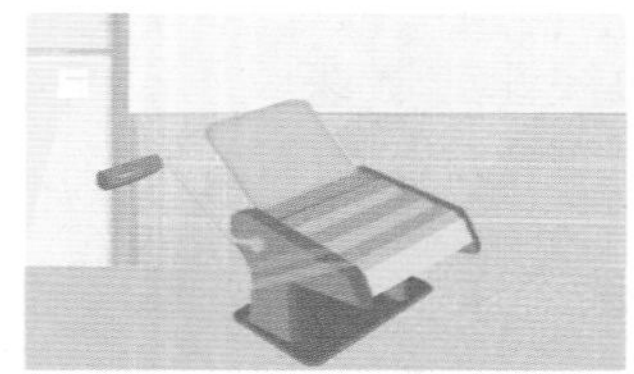 

1 搭建参考 支架和压面口

2 搭建参考 控制装置和挡面板

3 搭建参考 盘子

拓展游戏

★【单选题】哪个是正确的齿轮平行传动结构呢？请在对应的圆圈中涂上颜色，并说一说为什么。

★【单选题】请思考一下，哪张编程卡可以控制压面机停止运行？请在对应的圆圈中涂上颜色。

★ 和家人一起准备食材，共同制作一碗美味的面条吧！

总结与延伸

1. 本节课帮助幼儿在搭建的过程中学习了齿轮的平行传动，探究齿轮的连接方式；
2. 巩固点读的编程方式，实现压面机快速或慢速旋转；
3. 家长可以和幼儿进行亲子互动游戏，幼儿将做好的美味面条盛出来，和家长一起品尝。

愉快的野餐

户外生活有利于幼儿增进对自然的了解。本节课将带着幼儿了解野餐需要用到的物品，了解烧烤架的工作原理，锻炼幼儿的观察力和动手能力。同时，探究烧烤架和餐桌的结构组成和用途，学习皮带传动结构。

- 认识烧烤架的结构组成，能够说出各部位的名称、方位及用途。
- 在成人引导下，培养幼儿不挑食的好习惯，喜欢食用瓜果、蔬菜等新鲜食品。
- 能够遵守规则，并描述出去野餐的注意事项。
- 熟练应用互锁结构，学习皮带传动结构。
- 探究物品分类的规律，通过现象分析其运行逻辑。
- 感受与家人在一起的快乐，体验大自然之美。

★ 请把肉和蔬菜分别连接到对应的烤签上面吧！

肉类　　　　蔬菜

★ 请根据水桶上的数字，把对应数量的鱼和水桶用线连接起来。

创意搭建

1 搭建参考 支架

2 搭建参考 烤鱼和传动装置

3 搭建参考 桌子和烤串

愉快的野餐

拓展游戏

【单选题】使用哪种积木，才能让烤鱼跟随着轴旋转呢？请在对应的圆圈中涂上颜色。

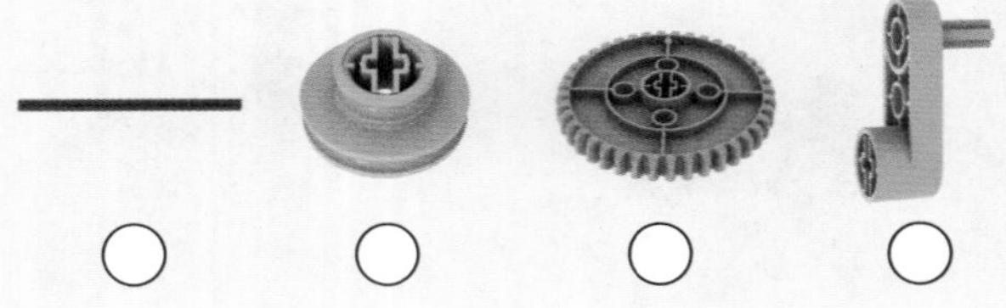

【多选题】下面结构中哪几种连接皮带的方式是正确的呢？请在对应的圆圈中涂上颜色。

【单选题】思考一下，哪张编程卡可以控制烤鱼慢速旋转？请在对应的圆圈中涂上颜色。

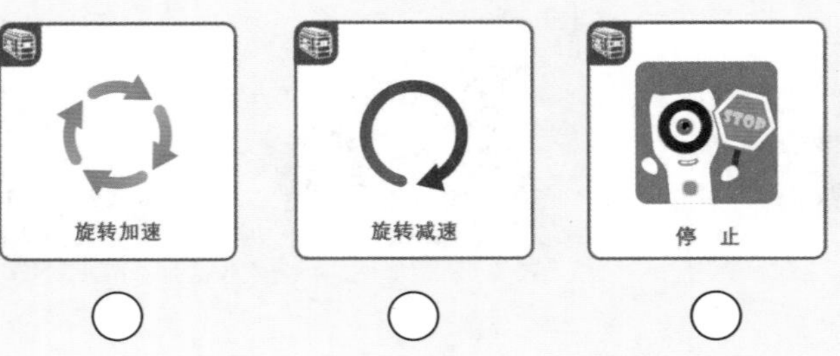

总结与延伸

1. 本作品搭建的难点在于两点固定和皮带传动结构；
2. 让幼儿使用不同的速度控制烤鱼，感受速度差异，并区分控制不同速度的卡片；
3. 家长可以和幼儿进行亲子互动游戏，幼儿充当小烧烤师的角色，家长则负责品尝。

好玩的秋千

作品导语

很多幼儿都喜欢玩荡秋千，当其荡秋千时，要和他说小屁股一定要坐稳，小手还要抓紧秋千的绳子。本节课通过生动有趣的方式，让幼儿了解荡秋千的正确姿势，让他在游戏中建立良好的生活习惯，同时认识生活中常见的娱乐设施。

学习目标

- 了解秋千的结构组成及作用。
- 知道荡秋千的正确姿势，培养孩子的安全保护意识。
- 知道游戏规则，并能遵守规则。
- 熟练使用互锁结构，探究蜗杆的用途。
- 感受秋千摆动的幅度与重力的关系。
- 发挥创造力，根据自己的想法构建场景。

主题作品

★ 观察工具栏中物品的形态，找到对应的阴影，把它们连接起来吧！

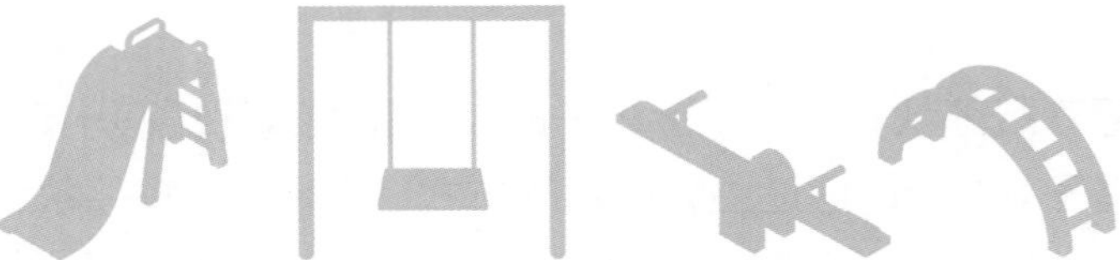

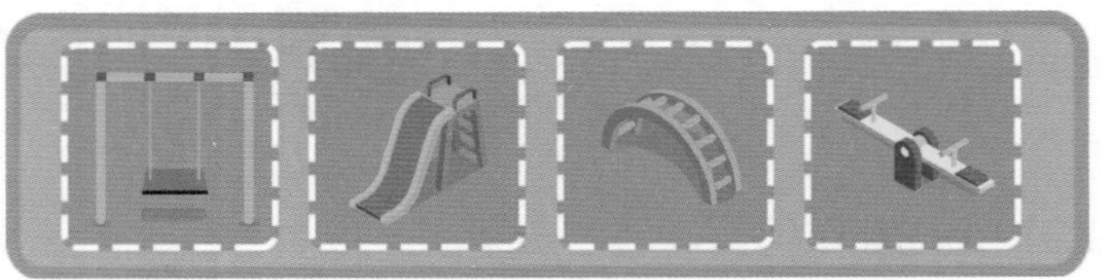

★【单选题】请仔细观察下面几张图。哪位小朋友荡秋千的姿势是正确的呢？请在对应的圆圈中涂上颜色。

1 搭建参考 支架和绳索

2 搭建参考 秋千的顶部

3 搭建参考 动力装置

★【单选题】找一找，要把两根轴延长需要使用哪块积木？请在对应的圆圈中涂上颜色。

★【单选题】下面的结构中，哪个是正确的连杆结构？请在对应的圆圈中涂上颜色。

★【单选题】思考一下，要想让秋千匀速运转，需要点击哪张编程卡？请在对应的圆圈中涂上颜色。

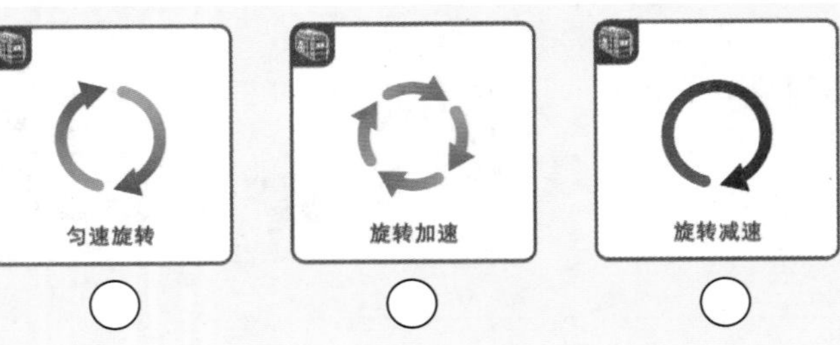

总结与延伸

1. 本作品搭建的难点在于秋千的动力装置，需要幼儿探究连杆结构的工作原理；
2. 幼儿也可以将自己的创意加进去，利用之前学习的杠杆原理搭建一个跷跷板，或者利用管道搭建滑梯，丰富游戏场景；
3. 家长可以和幼儿一同进行互动游戏，用编程笔控制秋千摇摆速度，在玩的过程中给幼儿讲解荡秋千的注意事项。

脏衣服变干净啦

作品导语

幼儿阶段的孩子在玩耍或者吃饭的时候总会把衣服弄得脏兮兮的，家长几乎每天都要洗衣服。请家长注意，孩子的衣服需要和大人的衣服分开洗。本节课会引导幼儿了解衣物的分类，知道讲卫生、爱干净。通过搭建，引导幼儿正确使用冠状齿轮并了解冠状齿轮的作用，学会使用齿轮进行垂直传动。

学习目标

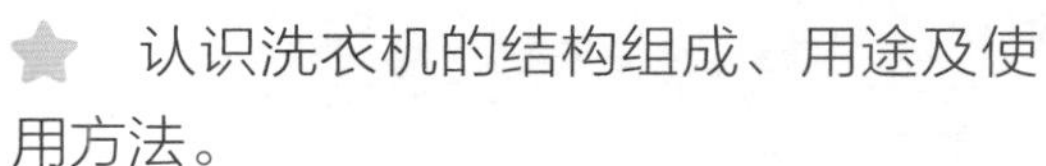

- 认识洗衣机的结构组成、用途及使用方法。
- 能够熟练使用工具，积极参与活动。
- 能根据自己的想法制定游戏规则。
- 探究合页结构和齿轮传动结构。
- 理解顺序结构运行逻辑。
- 体会父母照顾他们的辛苦，增强保持个人卫生的意识。

主题作品

★ 到家之后需要做哪些事情，才能把脏衣服变干净呢？请把它们选出来吧！

★ 洗衣服时要把不同类的衣服分开，请通过连线把衣服分别放入脏衣篓吧！

创意搭建

1 搭建参考 底座

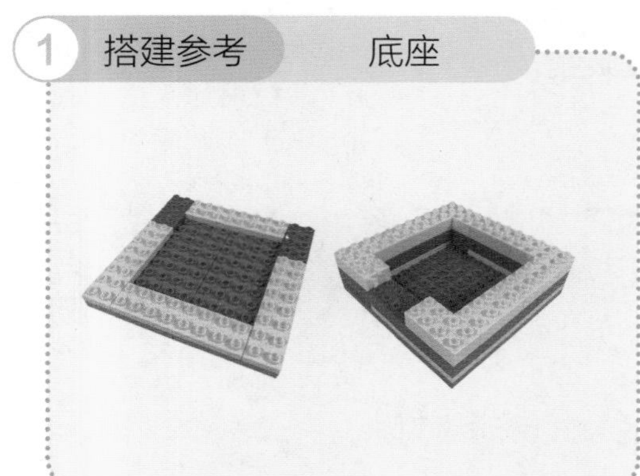

2 搭建参考 滚筒和排水管

3 搭建参考 机身

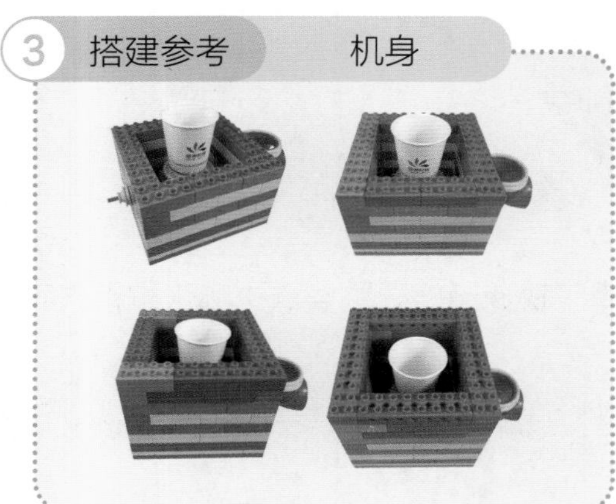

4 搭建参考 顶盖

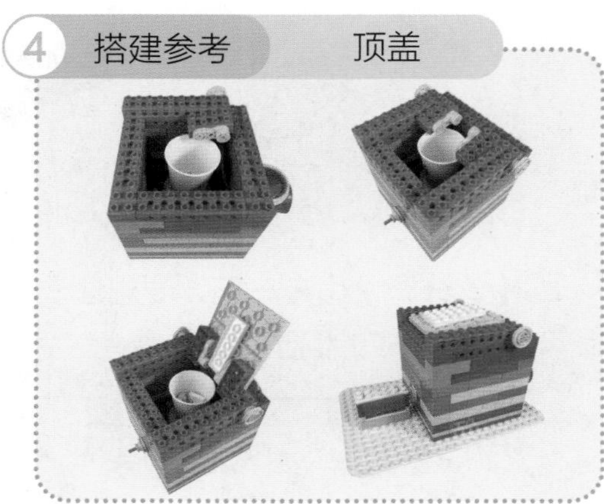

拓展游戏

★【多选题】思考一下，搭建洗衣机顶盖时主要使用到了哪些积木？请在对应的圆圈中涂上颜色。

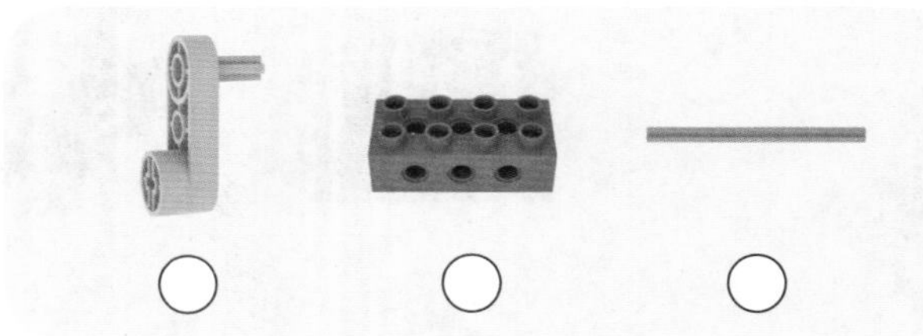

★【单选题】我们是使用哪种齿轮传动的方式带动滚筒运转的？请在对应的圆圈中涂上颜色。

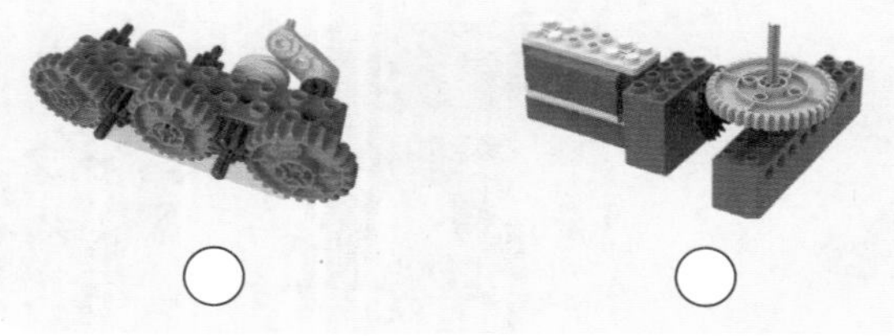

★【单选题】思考一下，要想让洗衣机甩干快速运转，需要点击哪张编程卡？请在对应的圆圈中涂上颜色。

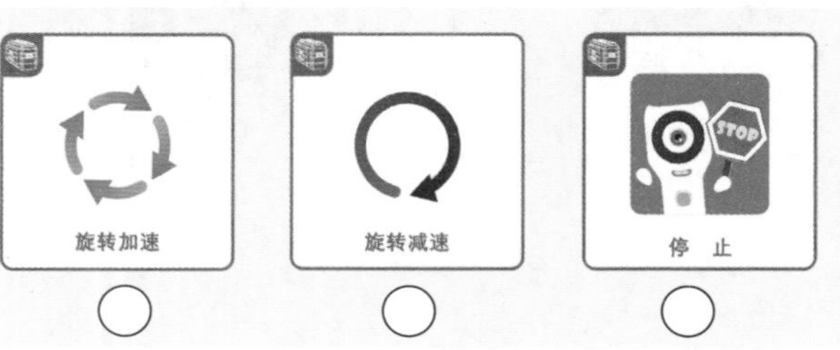

总结与延伸

1. 本作品引导幼儿认识洗衣机的结构组成，重点在于探究齿轮垂直传动；
2. 简单了解洗衣服的注意事项，并进一步了解洗衣机快速运转代表甩干，慢速运转代表洗衣；
3. 家长可与幼儿一起模拟洗衣服的过程，让幼儿用编程笔控制洗衣机的运行速度。

我家住几楼

在生活中我们会见到各种形态的楼房，通过本节课，让幼儿知道家是我们重要的生活场所，探究楼房的基本结构组成，知道自己的家庭住址。在游戏中通过对电梯进行编程，了解电梯的运行逻辑，并能够对楼层进行正确点数。

- 认识楼房的基本结构及形态，探究电梯的运行逻辑。
- 根据自己的兴趣选择游戏方式。
- 能够独自适应集体生活。
- 巩固围合的概念，探究蜗轮蜗杆匀速运行原理。
- 能够通过编程控制电梯上升和下降。
- 了解单元的概念，培养安全意识。

★ 请你点数出每栋楼分别有几层？请在对应的数字区域涂上颜色。

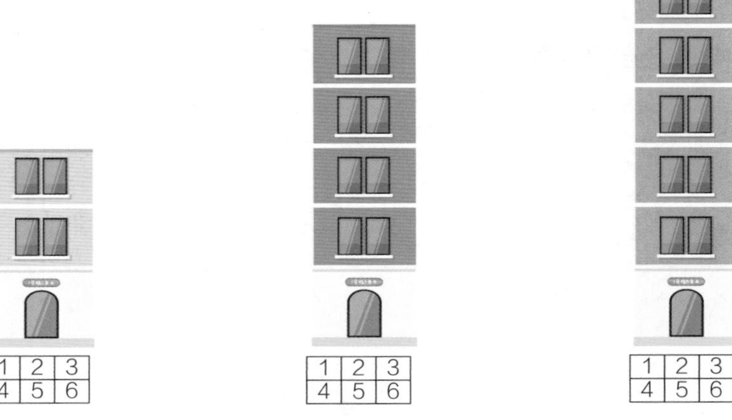

★ 根据提示，帮助小猴子和小青蛙找到它们的家，并用线连接起来。

1 搭建参考 楼房

2 搭建参考 电梯

3 搭建参考 场景设计

拓展游戏

★【多选题】思考一下，搭建蜗轮蜗杆结构主要使用到了哪些积木？请在对应的圆圈中涂上颜色。

○ ○ ○

★【单选题】下面哪张编程卡可以控制电梯上升？请在对应的圆圈中涂上颜色。

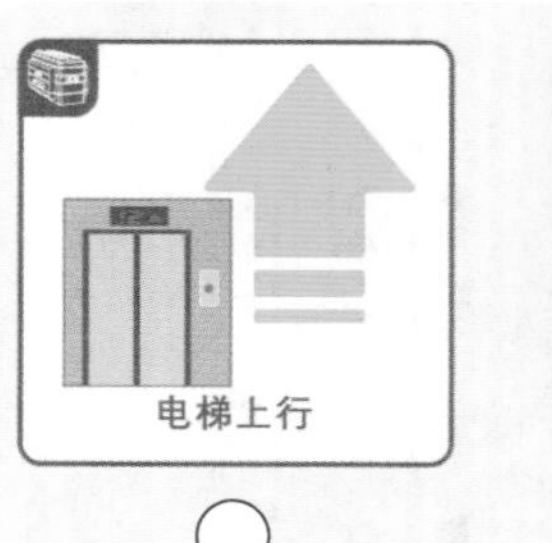

○ ○ ○

总结与延伸

1. 本作品引导幼儿认识楼房的基本结构及形态，并使他们能描述出电梯的运行逻辑；
2. 探究蜗轮蜗杆结构的自锁、匀速运动原理，理解电梯能够顺畅运行的原因；
3. 家长可与幼儿一起模拟乘坐电梯的过程，让幼儿用编程笔控制电梯上下运行速度，过程中可随机说出想要到达的楼层。

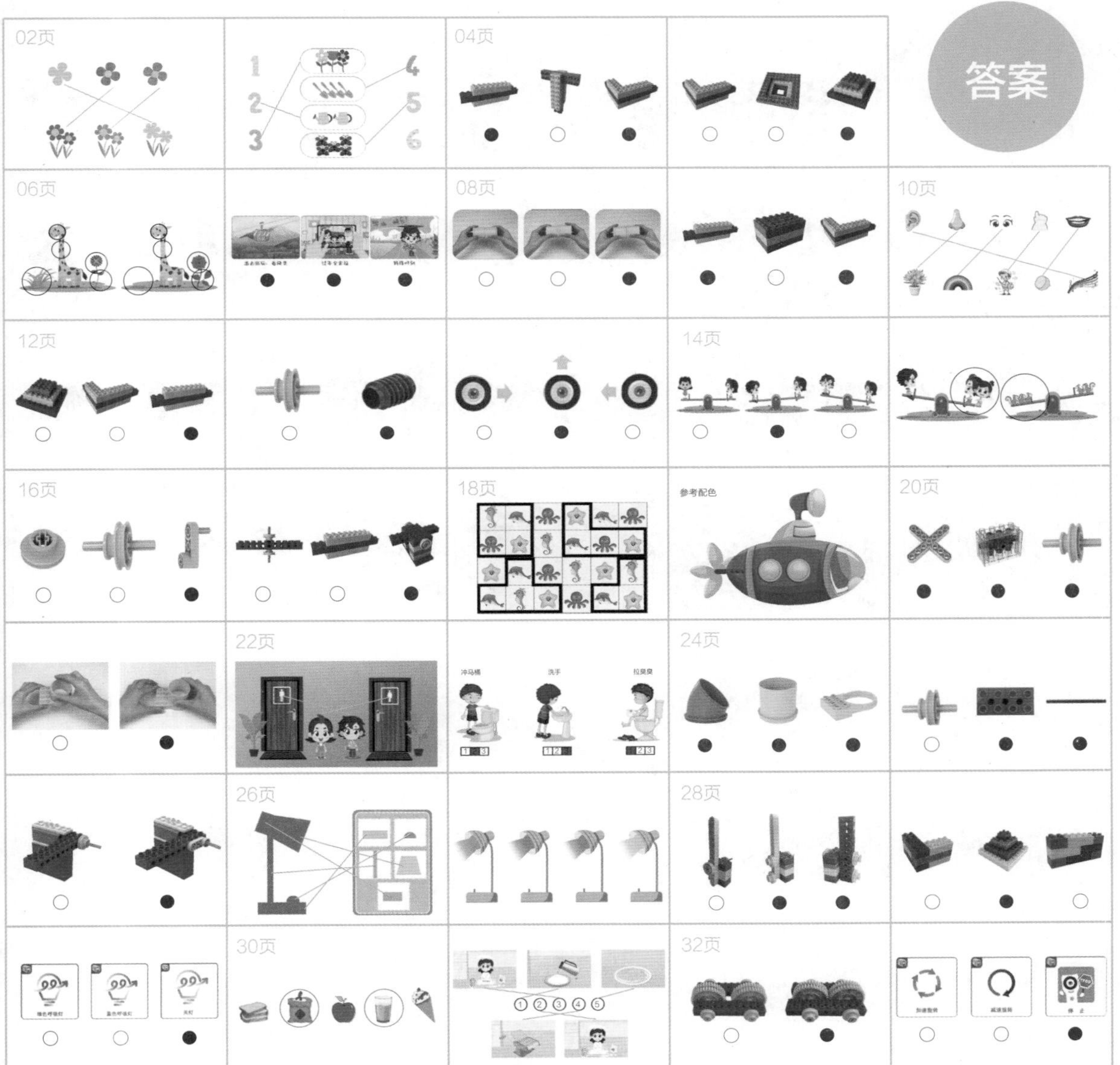
答案
02页
04页
06页
08页
10页
12页
14页
16页
18页
参考配色
20页
22页
冲马桶
洗手
拉臭臭
24页
26页
28页
30页
32页

答案

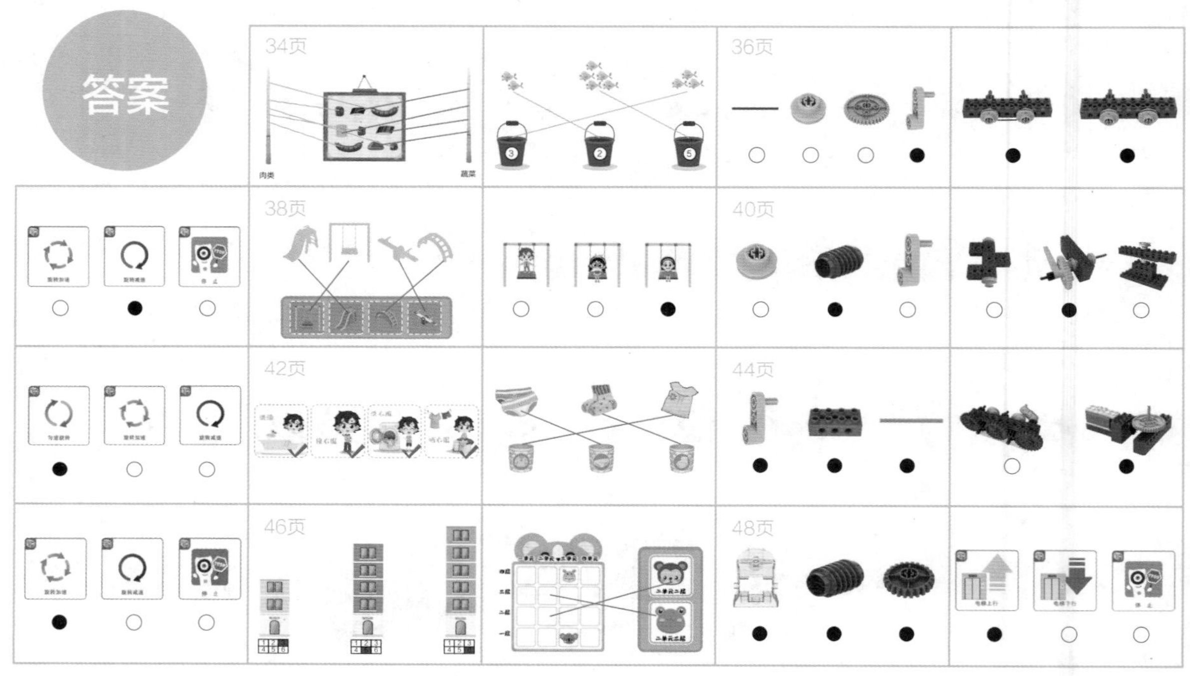

搭建原理

互锁结构

此结构是最常用的结构之一，使用砌墙一样的方法，把上下两层的积木错开垒放，使搭建的结构更加牢固。

平面互锁

转角式立体互锁

立体互锁（内缩式）

立体互锁（外扩式）

两点固定

此结构通过两个滑轮或者一个曲柄实现两点固定。当转动轴时，黄梁结构会跟随旋转。

杆加长

轴杆固定

杠杆结构

通过支点，实现省力、改变方向等传动效果，多用于跷跷板或者能开合的结构。

跷跷板结构

杠杆结构

合页结构

轴与孔形成合页结构，实现绕轴运动或摆动的状态，可应用于门的搭建。

滑轮合页

曲柄合页

形状认知

感受不同形状的特性，借助积木增强对形状的认识。

三角形（具有稳定性）

四边形（不具有稳定性）

汉堡包结构

通过汉堡包结构可让黄梁或者孔梁垂直立于桌面，探究积木的两点固定位置，可应用于支架的搭建。

随轴/绕轴旋转

此结构通过借助外力的作用，绕轴心进行旋转运动。

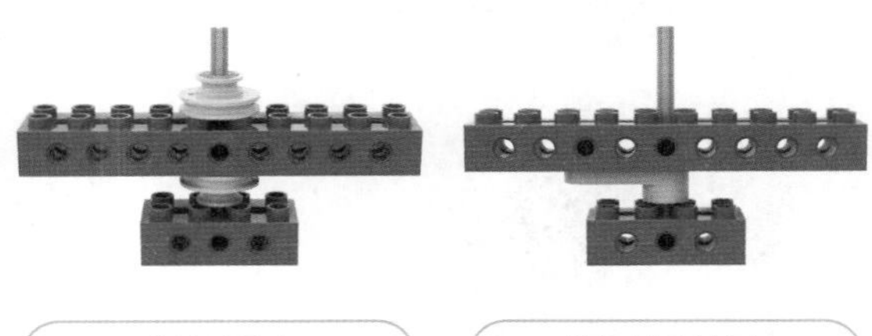

滑轮固定　　曲柄随轴旋转

皮带传动

将皮带固定于滑轮上，以此来传递动力。不同的放置效果会带来不同传动状态。

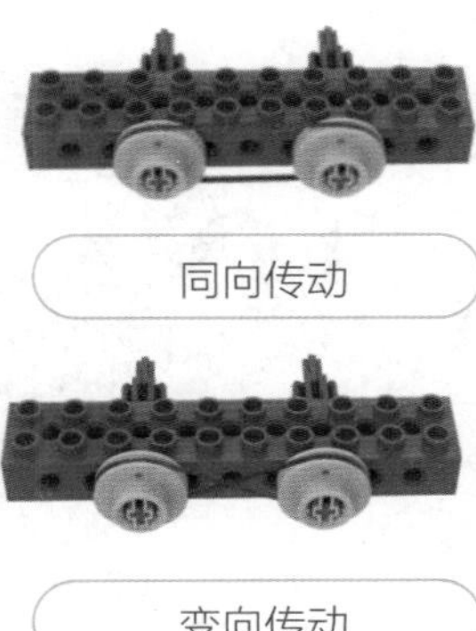

同向传动

变向传动

凸轮结构

这是一种用来实现周期性运动的结构，主要通过两点一线的原理将曲柄固定到齿轮上。

利用齿轮

棘轮结构

利用齿轮和其他积木实现依靠卡位结构进行单向旋转或反向锁死的运动效果。

棘轮棘爪结构

索传动

依靠滑轮和绳索钩子实现提升、拖拉等运动，常应用于电梯或者索道等。

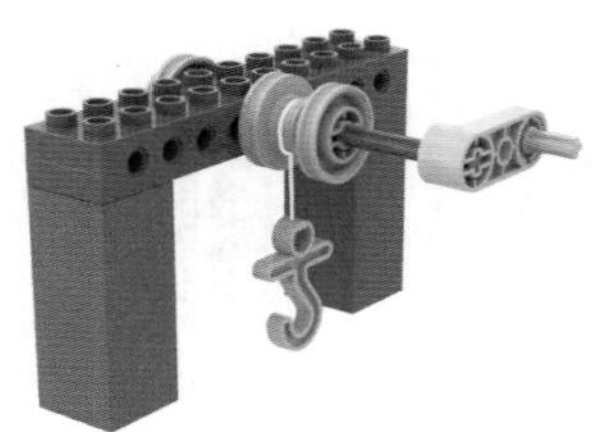

滑轮+吊钩组合

连杆结构

连杆结构是应用比较广泛的结构，但也较为复杂，主要用于实现多种形式的摆动或者移动。

利用曲柄带动黄梁进行连杆运动

利用曲柄带动红梁进行连杆运动

齿轮做曲柄

齿轮传动

利用蜗轮或齿轮可以改变物体运动方向。蜗轮蜗杆传动不仅能改变物体运动方向，还有自锁的功能。

蜗轮蜗杆传动　　齿轮垂直传动

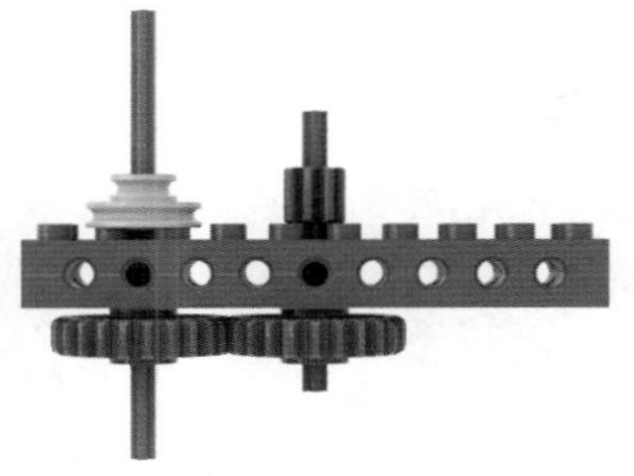

齿轮平行传动（常见）

齿轮平行传动（惰轮）

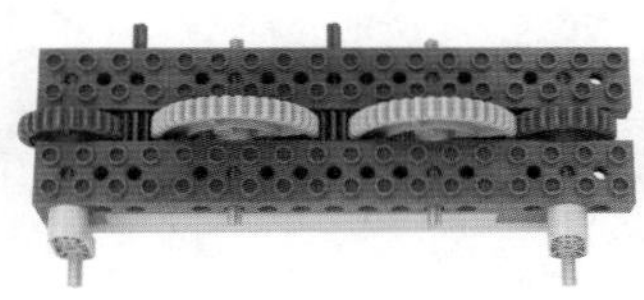

齿轮平行传动（多齿轮）

齿轮加减速

利用多齿轮进行传动，当大齿轮带动小齿轮时可实现加速运动；相反，当小齿轮带动大齿轮时可实现减速运动。

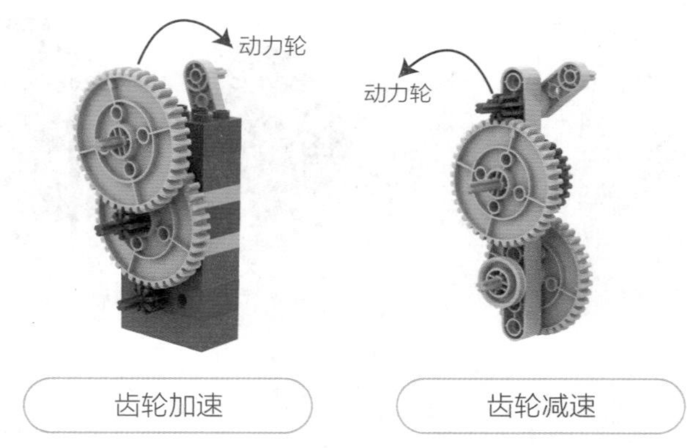

齿轮加速　　齿轮减速

和机器人一起学编程

大颗粒电子积木一级 ②

盛通教育研究院　编著

清華大学出版社

北　京

图书在版编目（CIP）数据

和机器人一起学编程：大颗粒电子积木一级 / 盛通教育研究院编著.— 北京：清华大学出版社，2024.12

ISBN 978-7-302-63261-0

Ⅰ.①和…　Ⅱ.①盛…　Ⅲ.①程序设计－少年读物　Ⅳ.①TP311.1-49

中国国家版本馆CIP数据核字（2023）第058774号

责任编辑： 肖　路
封面设计： 北京乐博乐博教育科技有限公司
责任校对： 欧　洋
责任印制： 杨　艳

出版发行： 清华大学出版社
网　　址： https://www.tup.com.cn, https://www.wqxuetang.com
地　　址： 北京清华大学学研大厦A座　**邮　　编：** 100084
社 总 机： 010-83470000　**邮　　购：** 010-62786544
投稿与读者服务： 010-62776969, c-service@tup.tsinghua.edu.cn
质量反馈： 010-62772015, zhiliang@tup.tsinghua.edu.cn
印 装 者： 北京盛通印刷股份有限公司
经　　销： 全国新华书店
开　　本： 185mm × 200mm　**印　　张：** 12.8　**字　　数：** 195千字
版　　次： 2024年12月第1版　**印　　次：** 2024年12月第1次印刷
定　　价： 150.00元（全四册）

产品编号：095644-01

注意事项及使用说明

注意事项

1. 积木很坚硬，请不要将积木放入口中或者咬积木。
2. 不可以乱扔积木，被积木硌到会很痛的。
3. 请不要把积木放到水里或者火边。
4. 请小心积木尖锐的部位，切勿向他人挥动或投掷积木。
5. 请勿拆解电子积木，要在家长或教师的看护下进行组装和操作。
6. 每次积木使用完后记得分类整理，便于下次使用。
7. 配合充电线给电池充电，在每次搭建前完成充电工作。

使用说明

1. 在使用本书时，需要家长协助和引导，幼儿年龄越小，家长参与度越高哦！
2. 在“作品导语”和“学习目标”环节，明确了主题内容及幼儿的学习目标。
3. 在“思考一下”及“拓展游戏”环节，知识点以游戏的方式展开，旨在发展幼儿的思维，同时巩固编程知识点和搭建方法。
4. 在搭建过程中，不需要按照搭建步骤图搭建出一模一样的模型。在搭建中多引导幼儿发挥想象，享受搭建的过程。
5. 搭建过程中幼儿会遇到各种困难，家长需耐心指引，引导幼儿探索问题。

常用积木

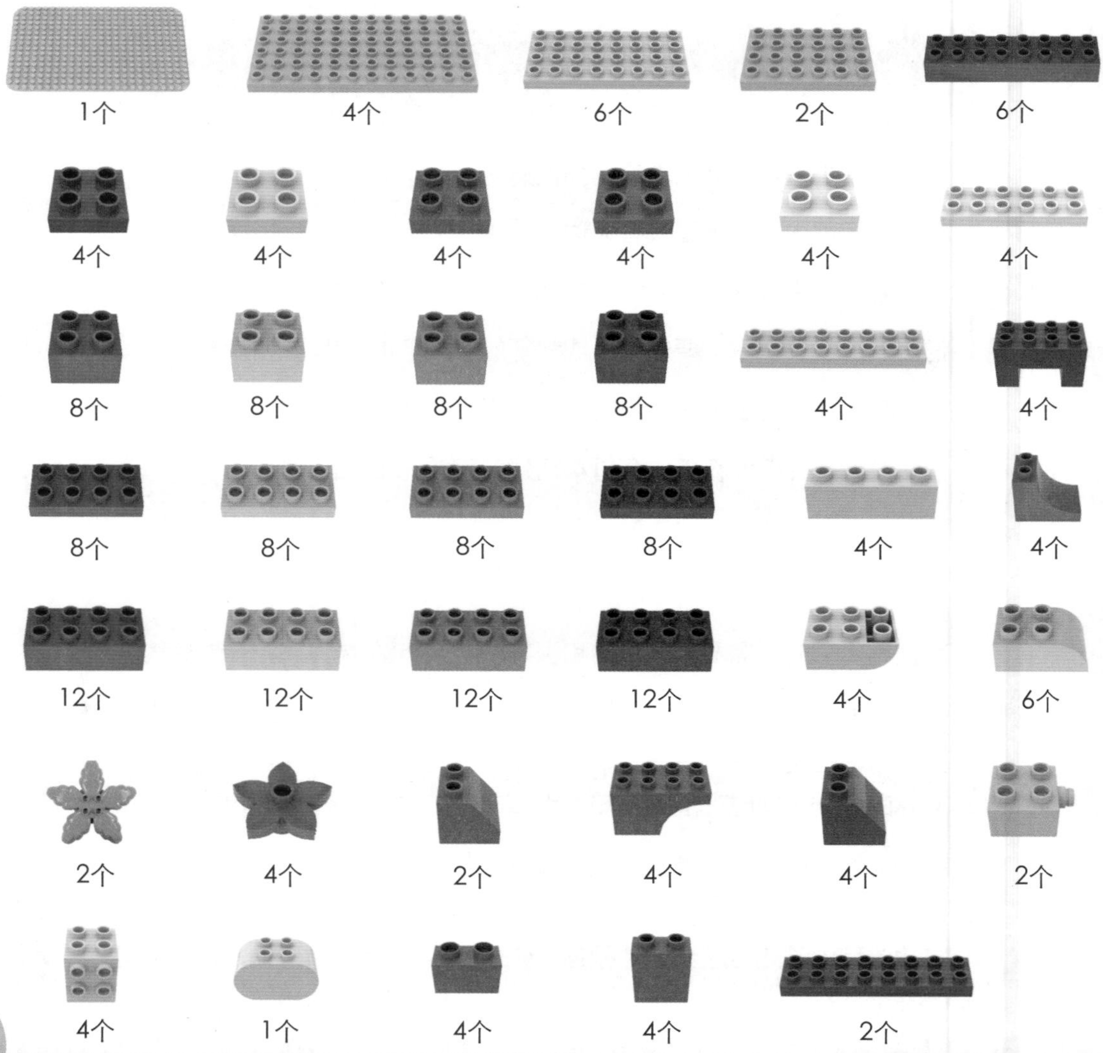

1个	4个	6个	2个	6个	
4个	4个	4个	4个	4个	4个
8个	8个	8个	8个	4个	4个
8个	8个	8个	8个	4个	4个
12个	12个	12个	12个	4个	6个
2个	4个	2个	4个	4个	2个
4个	1个	4个	4个	2个	

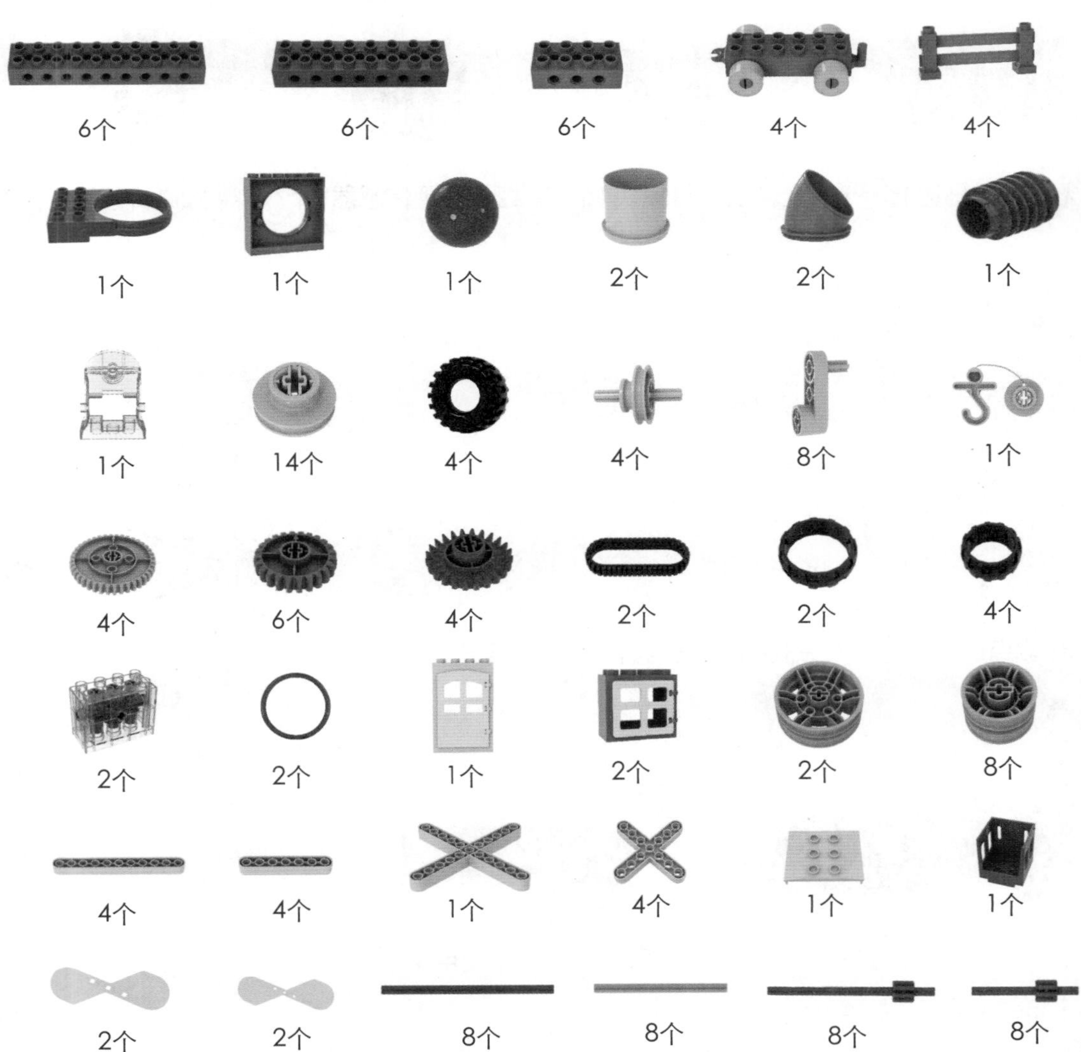
6个
6个
6个
4个
4个
1个
1个
1个
2个
2个
1个
1个
14个
4个
4个
8个
1个
4个
6个
4个
2个
2个
4个
2个
2个
1个
2个
2个
8个
4个
4个
1个
4个
1个
1个
2个
2个
8个
8个
8个
8个

电子积木

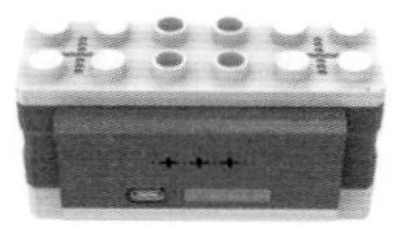

无线幼教马达1个

全彩LED灯模块1个

红外测距传感器1个

触碰传感器1个

其他配件

智能点读笔1支

白色手机充电器1个

充电线(Type-C)1根

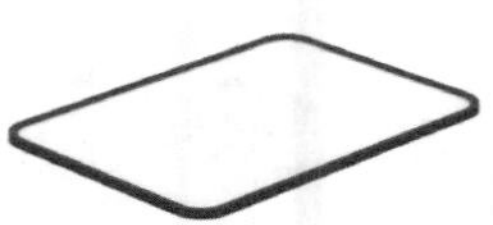

编程2.0小白板1块

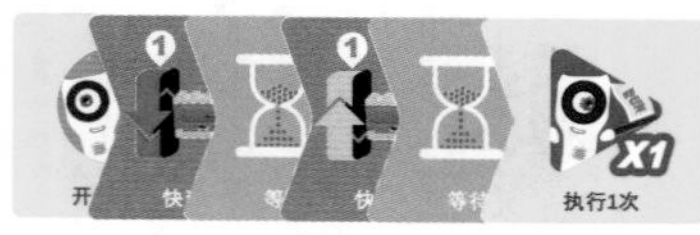

磁卡82张

大颗粒电子积木使用手册1本

目录

第三单元：神奇大自然

会旋转的花朵

作品导语

鲜花是美丽的，对于美丽的事物，幼儿常会表现得十分喜爱。对于美丽的鲜花，幼儿有时候也会产生采摘的欲望。本节课将通过有趣的画面让幼儿知道随意采摘是不好的行为。同时，课程还会让幼儿了解花的生长过程，使用积木根据不同花的外观进行搭建，并通过编程笔控制花朵以不同的速度旋转。

学习目标

- 了解花朵的生长过程和基本结构。
- 独立完成花朵的搭建并学习使用齿轮箱。
- 点数 5 以内的数字。
- 配合使用异型积木搭建出花朵的造型。
- 理解什么是围合和垒高，并思考建构布局。
- 懂得爱护环境，不随意采摘花朵。

主题作品

★ 请按照花的生长顺序，在括号里写上对应的数字吧！

（　　）（　　）（　　）（　　）（　　）

★ 数一数，花园里每种花分别有几朵，并在小蜜蜂手里对应的画板上写上数字。

创意搭建

1 搭建参考 康乃馨花盆

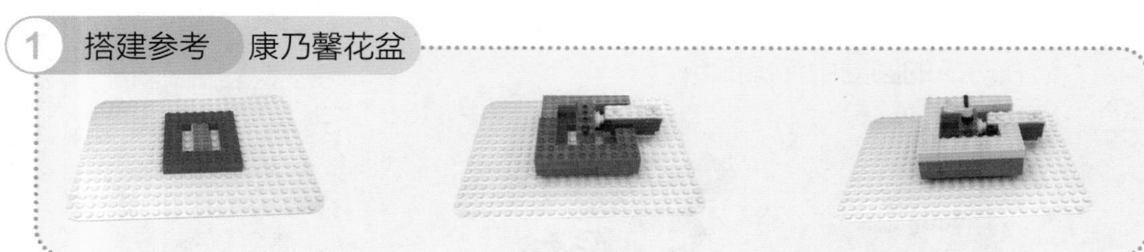

2 搭建参考 康乃馨

3 搭建参考 其他花朵

【多选题】下图中哪几个是正确的两点固定结构呢？请在对应的圆圈中涂上颜色。

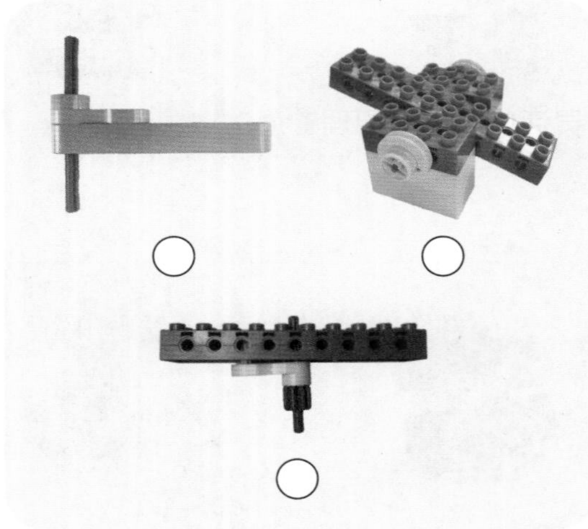

【单选题】图中哪张是可以让花朵快速旋转的编程卡？请在对应的圆圈中涂上颜色。

总结与延伸

1. 本作品搭建的难点在于两点固定，以及使用齿轮箱中的齿轮结构让马达带动花朵旋转起舞；
2. 幼儿可以发挥创意搭建花朵，可以利用花朵、树叶等配合搭建，装饰并丰富游戏场景；
3. 家长与幼儿互动的时候，可与幼儿探索花朵授粉的过程。

是谁在呱呱叫

本节课可以让幼儿了解蝌蚪变成青蛙的全过程。通过搭建作品，探究连杆和曲柄组成的往复运动结构的原理，并灵活应用这一原理。通过编程，控制青蛙用不同的速度跳跃。

- 了解青蛙变态发育的过程。
- 知道不管做什么事都要努力坚持。
- 能够和小伙伴友好相处，接纳他人的不同想法。
- 掌握曲柄的应用，实现往复运动的效果。
- 观察动物形态，通过控制速度使青蛙实现变速跳跃。
- 能够根据青蛙身体特征进行颜色搭配。

★ 你可以找到小动物长大之后的样子吗？请把它们连接起来吧！

★ 小蝌蚪变成青蛙的顺序是怎样的呢？在括号里填上对应的数字顺序吧！

（　　）　（　　）　（　　）

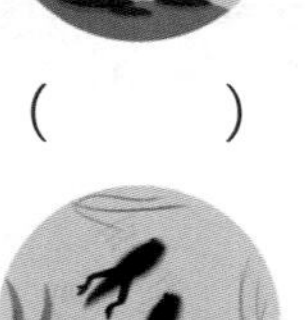  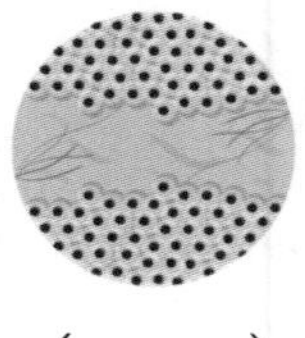

（　　）　（　　）　（　　）

创意搭建

1 搭建参考 青蛙四肢

2 搭建参考 青蛙身体与头部

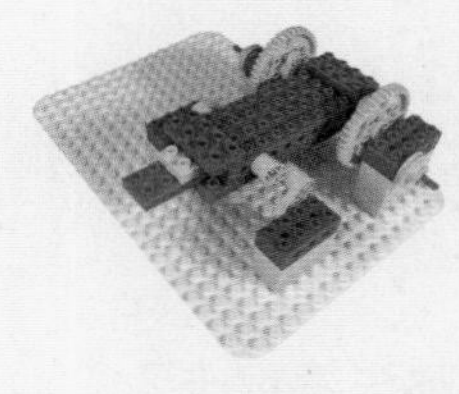

3 搭建参考 树木场景

★【多选题】搭建青蛙四肢实现往复运动时，主要使用了哪几种积木？请在对应的圆圈中涂上颜色。

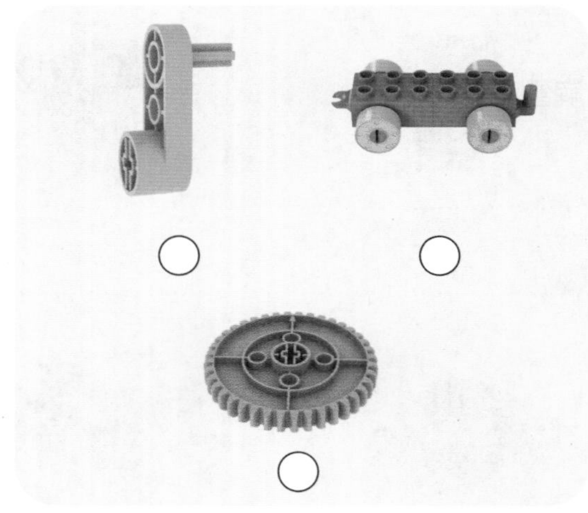

★【单选题】要想让小青蛙跳跃的速度变快，可以使用哪张编程卡？请在对应的圆圈中涂上颜色。

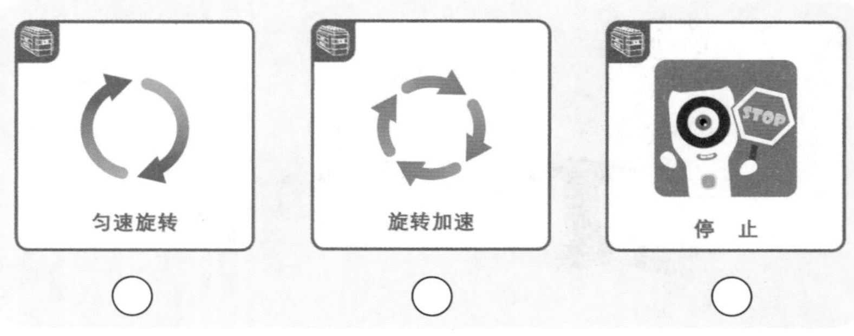

总结与延伸

1. 本作品制作的难点在于青蛙四肢的搭建，需要实现往复运动效果，在搭建中用曲柄固定齿轮，让青蛙四肢的运动方向一致；
2. 家长与幼儿互动的时候也可以一起读一读小蝌蚪找妈妈的绘本，发展幼儿的语言表达能力。

冰雪世界

作品导语

一年有四个季节，每个季节都有不同的特点。通过本节课，让幼儿了解冬天有什么特点。通过小视频，让幼儿了解雪花是怎样形成的，知道如果我们去滑雪，需要准备什么装备。同时，巩固往复运动结构的搭建，通过编程，实现滑雪机器人按照不同速度运行的效果。

学习目标

- 了解雪花的形成过程，增强对冬天的认知。
- 遇到问题不急躁，能够请求他人帮忙。
- 自主设定游戏规则。
- 灵活运用两点固定结构，探究往复运动结构。
- 使用点读卡控制滑雪机器人。
- 与同伴相互合作做游戏，体会与同伴交往的快乐。

主题作品

★ 请根据围巾的颜色找到小雪人融化后的样子吧！并把它们连接起来。

★ 滑雪需要哪些装备呢？请观察右侧工具栏中的装备，并说一说这些装备需要穿戴到哪些部位。

创意搭建

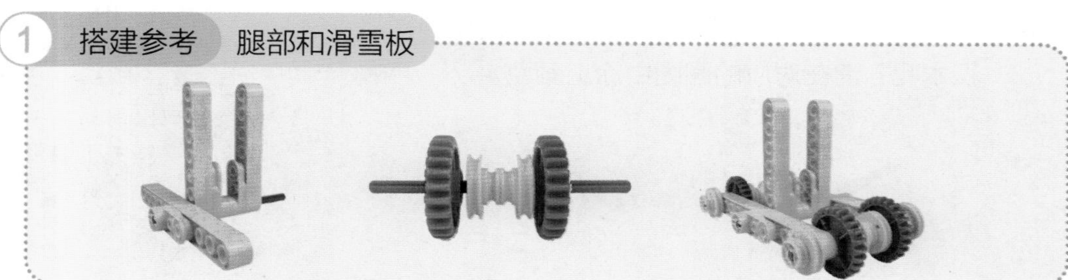
1 搭建参考 腿部和滑雪板

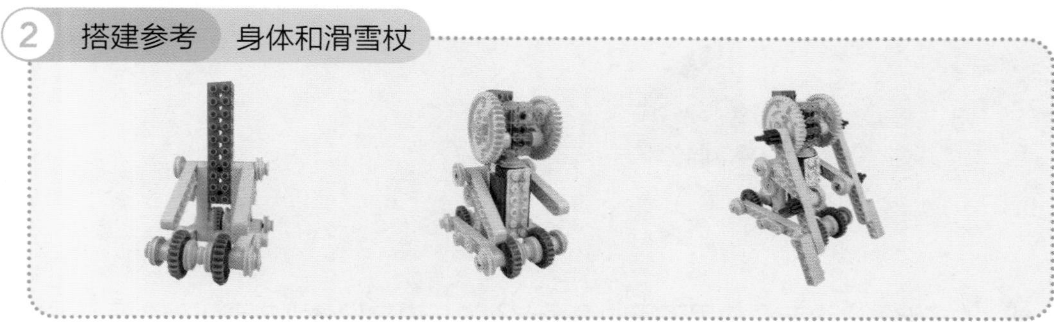
2 搭建参考 身体和滑雪杖

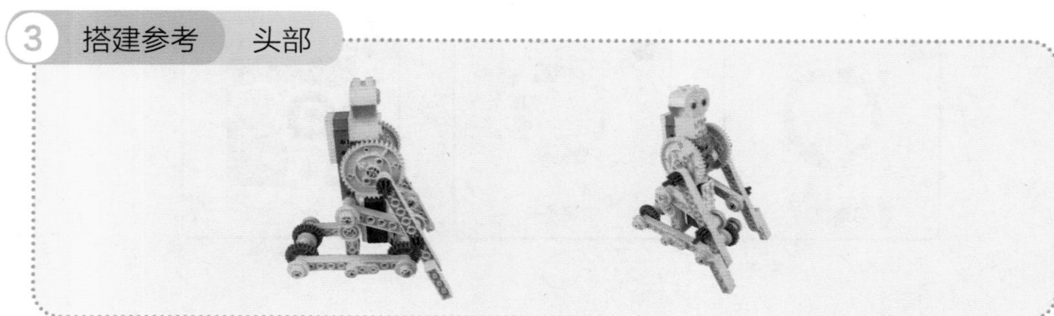
3 搭建参考 头部

总结与延伸

1. 本作品的搭建难点在于手臂和马达的连接，需要使用连杆结构进行搭建；
2. 家长可以与幼儿一起看一些关于滑雪的绘本，了解这项运动。

★【单选题】连接马达和两个滑雪杖的是哪种积木呢？请在对应的圆圈中涂上颜色。

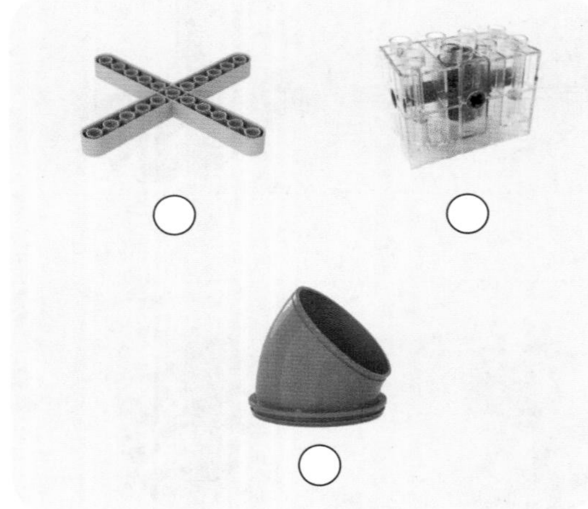

★【多选题】这节课使用了哪些编程卡？说一说它们分别实现了什么运行效果。

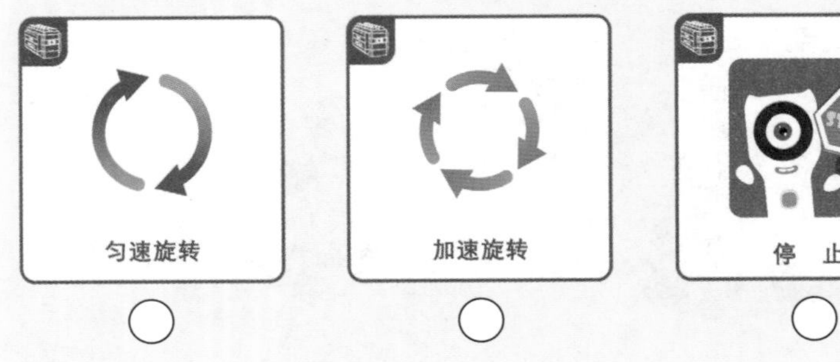

风从哪里来

作品导语

在生活中，我们经常能感受到风的存在，但是幼儿对于风的认识并不多。本节课通过游戏的方式，让幼儿感知风的存在，了解风给我们的生活带来的好处和危害。同时，本节课还会帮助幼儿认识风力发电站，进而培养环保意识。通过探究齿轮的平行传动，控制扇叶，让幼儿感受转速的快慢。

学习目标

- 了解风是如何形成的，并探究风力发电站的结构。
- 遇到问题不急躁，能够进行自我行为管控。
- 能够很好地融入课堂的游戏环境。
- 学习齿轮的平行传动和两点固定技巧。
- 探究马达速度与物体之间的关联性，感知风力大小。
- 通过了解风带来的危害，帮助幼儿建立保护地球家园的意识。

主题作品

★ 请根据右图工具栏中的结构，与左图相应位置一一对应并连线，同时说出这些结构的名称。

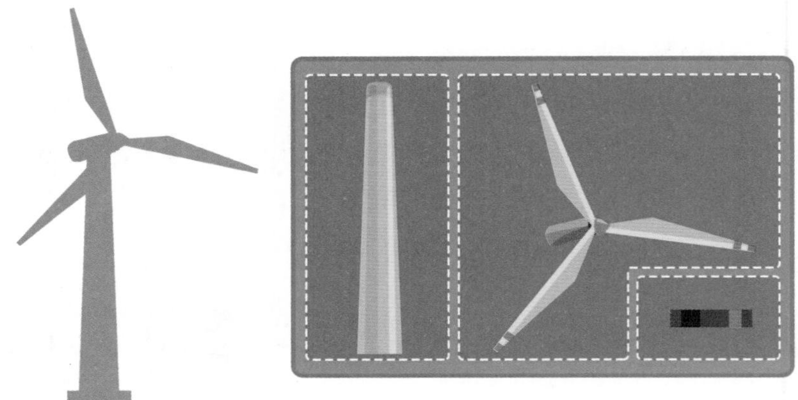

★ 图中总共有几台风力发电机呢？

第三单元：神奇大自然

创意搭建

1 搭建参考 风力发电机 1

2 搭建参考 风力发电机 2

3 搭建参考 场景

【单选题】下面哪个是正确的两点固定结构？请在对应的圆圈中涂上颜色。

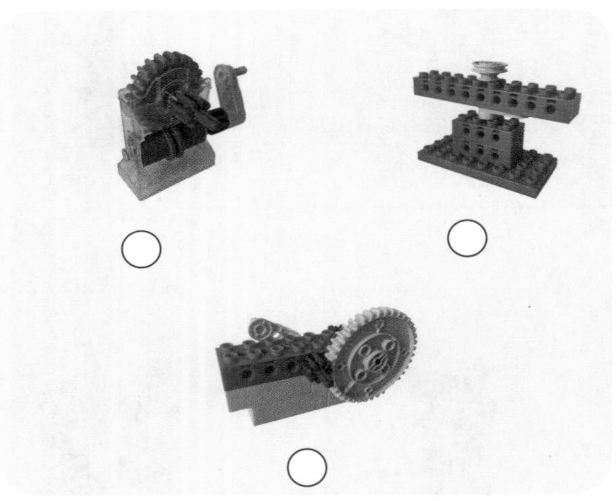

【单选题】下图中，哪个齿轮的平行传动是正确的？请在对应的圆圈中涂上颜色。

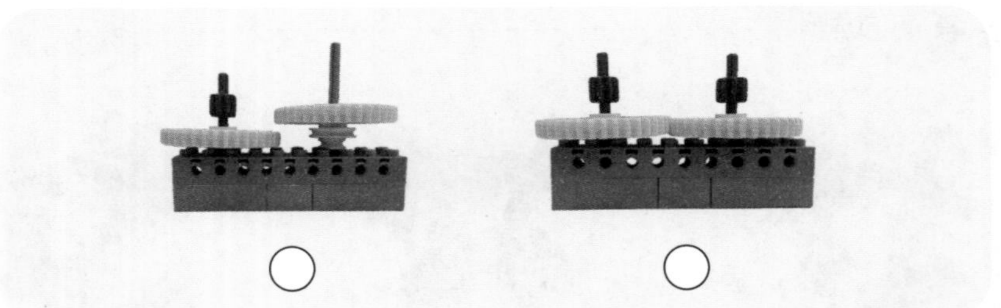

总结与延伸

1. 在搭建风车齿轮的传动部分时，首先固定马达，然后按照马达固定的位置寻找能够与齿轮咬合的另一个固定位置，最后进行搭建；
2. 幼儿可以发挥想象力和创造力，搭建房屋等装饰物，丰富游戏场景；
3. 家长与幼儿互动时，可以引导幼儿描述风的作用、风车的作用，以及保护环境的方法等。

鳄鱼先生迷路了

作品导语

本节课可以让幼儿认识鳄鱼的身体结构以及它的生活习性，理解蜗轮箱的自锁和减速原理，知道起点和终点概念，学会辨别方向并规划正确路线，设置游戏规则与场景，并通过编写指令控制鳄鱼嘴巴开合。

学习目标

- 学习鳄鱼的身体结构及其生活习性。
- 能够耐心等待，愿意接受他人建议。
- 敢于自己尝试，自己能做的事情不依赖他人。
- 理解蜗轮箱的自锁和减速原理。
- 知道起点和终点概念，能够辨别方向并规划正确路线。
- 学会设置游戏规则与场景，感受游戏的乐趣。

主题作品

★ 请画出正确的路线，帮助鳄鱼回家吧！

★ 鳄鱼的肚子饿了，请找到鳄鱼喜欢的食物，并圈出来吧！

创意搭建

1 搭建参考 鳄鱼头部

2 搭建参考 鳄鱼尾部与四肢

3 搭建参考 场景

总结与延伸

1. 在搭建作品时需要重点关注鳄鱼头部与蜗轮蜗杆结构的连接，应使用两点固定结构；
2. 探究与巩固蜗轮蜗杆结构的自锁与减速原理；
3. 家长可与幼儿一起通过点读编程卡，观察鳄鱼嘴巴开合的角度。

★【单选题】在下图中找到正确的蜗轮蜗杆结构。请在对应的圆圈中涂上颜色。

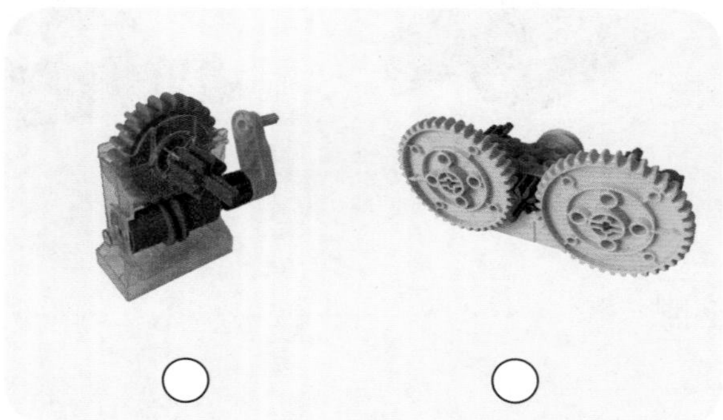

★【单选题】要想让鳄鱼的嘴巴张开，需要使用哪张编程卡？请在对应的圆圈中涂上颜色。

森林医生

作品导语

本节课将带领幼儿认识“森林医生”啄木鸟，简单了解其称号的由来，并探究啄木鸟的外形特点及身体结构。通过曲柄摇杆结构实现啄木鸟啄树的动作，帮助幼儿理解其机械原理，同时巩固幼儿对于不同速度的编程卡的理解。

学习目标

- 认识“森林医生”啄木鸟，探究啄木鸟的外形特点及身体结构。
- 培养耐心，遇事不急躁，尊重他人的不同想法。
- 能够自主制定游戏规则，遵守课堂规则。
- 理解并描述曲柄摇杆的结构组成与用途。
- 探索事物之间的关联和运行逻辑。
- 萌生保护森林、爱护生态环境的意识。

主题作品

★ 数一数，每种颜色的树上有几只虫子，并在右侧与树颜色相匹配的圆圈中涂上相应数量的颜色。

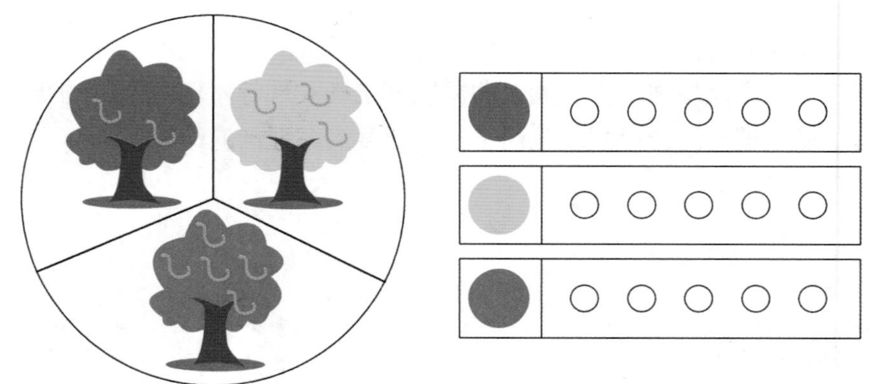

★ 每只啄木鸟需要吃一条小虫，请根据每部分啄木鸟的数量，找到对应数量的小虫，并连线。

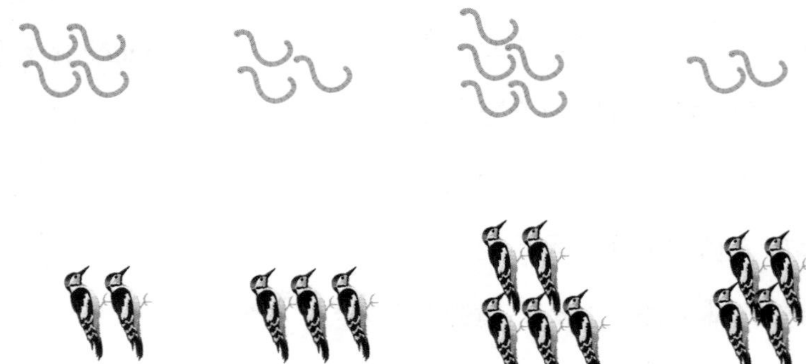

创意搭建

1 搭建参考 啄木鸟

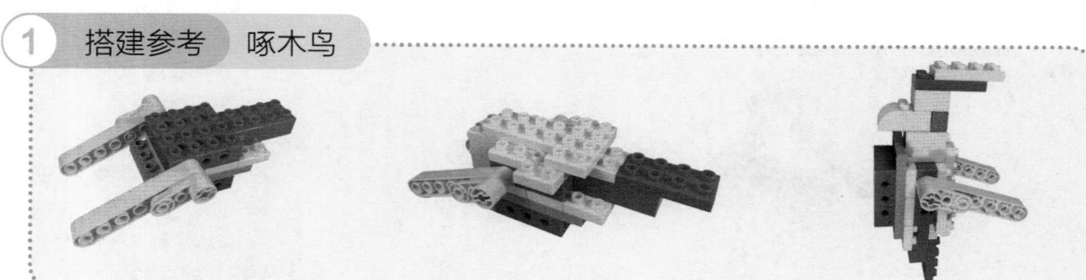

2 搭建参考 树干与曲柄摇杆结构

3 搭建参考 树冠

拓展游戏

★【单选题】请找到正确的曲柄摇杆结构。请在对应的圆圈中涂上颜色。

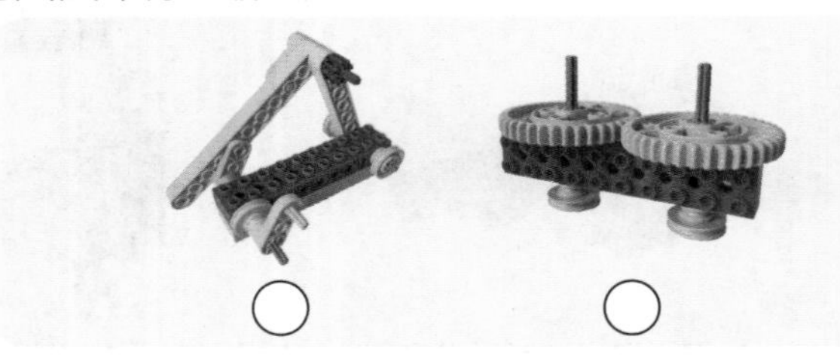

○ ○

★【单选题】搭建啄木鸟头部时，使用了哪个特殊的积木？请在对应的圆圈中涂上颜色。

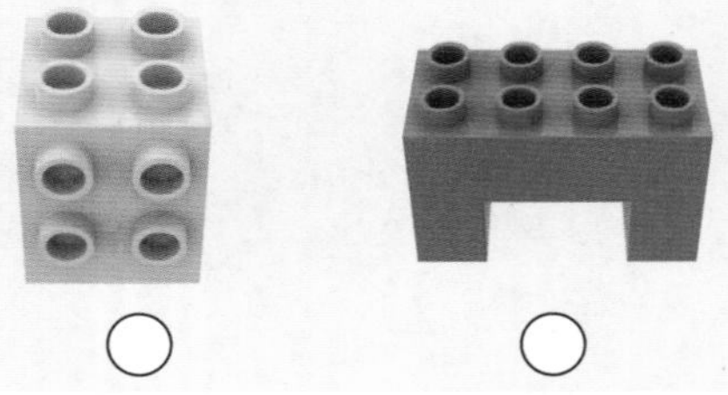

○ ○

★【单选题】本节课使用了哪张编程卡让啄木鸟快速吃虫？请在对应的圆圈中涂上颜色。

○ ○ ○

总结与延伸

1. 本作品制作的难点在于曲柄摇杆结构的搭建，幼儿需要先理解其原理，再搭建。
2. 搭建啄木鸟头部时，使用了一块特殊积木，以增强幼儿对于积木的灵活应用能力。
3. 家长可以和幼儿一起观看与啄木鸟相关的动画片和绘本，以增强幼儿保护森林生态环境的意识。

第四单元：生活小帮手

三轮车跑得快

生活中会遇到很多交通工具，有载人的，有载物的。本节课将带领幼儿了解常见的交通工具，了解三轮车的种类及其工作原理，锻炼幼儿的观察力和动手能力。同时，课程还会帮助幼儿探究三轮车的结构组成和用途、理解三角形的稳定性、探究三轮车不同方向的运行秒数，以及通过编程完成运输任务。

- 认识三轮车的结构组成、名称、方位及用途。
- 情绪保持稳定，能够进行自我行为管控。
- 遇到问题不急躁，能够请求他人帮忙。
- 探究三角形稳定性的原理。
- 能够规划路径、完成送水果任务、辨别方向。
- 了解三轮车的种类，以及它们为生活所带来的便利。

★ 请把三轮车上的数字和相等的水果数量用线连接起来。

★ 找到这 3 辆三轮车的阴影图，并把它们用线连接起来。

1 搭建参考 车把手和前车轮

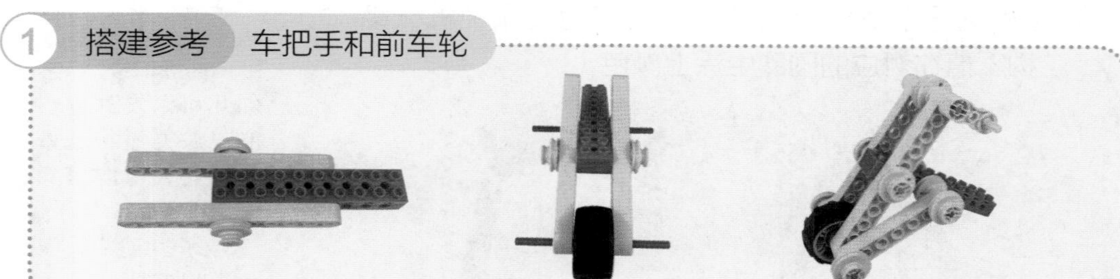

2 搭建参考 后车轮和车斗

3 搭建参考 仓库

拓展游戏

★【单选题】搭建三轮车的前轮使用了哪种机械结构？请在对应的圆圈中涂上颜色。

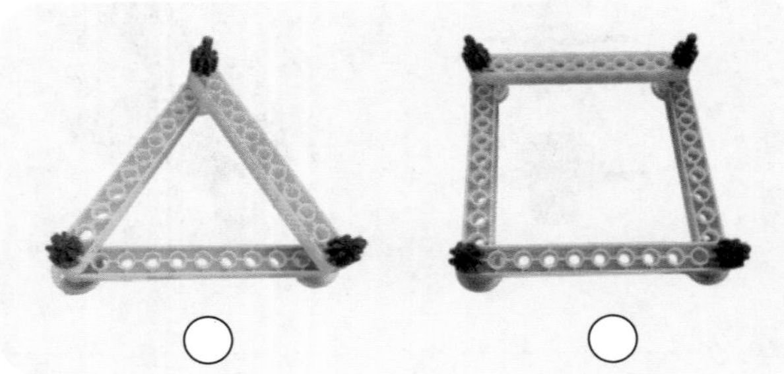

★【单选题】要想让三轮车快速后退 3 秒，应该使用哪张编程卡？请在对应的圆圈中涂上颜色。

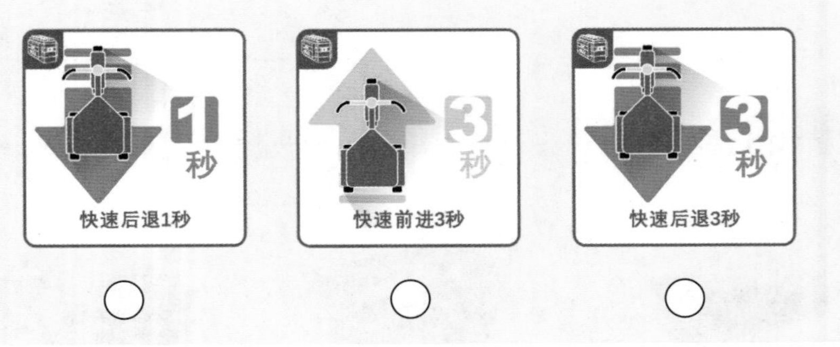

总结与延伸

1. 利用三角形稳定性搭建出三轮车的车头部分，并用互锁结构连接车身；
2. 幼儿可以发挥自己的想象力进行场景的建构，可以搭建一个小仓库；
3. 在亲子互动中，家长可以充当管理员的角色，与幼儿进行运输游戏。

猫头鹰时钟

作品导语

3~4 岁的幼儿时间观念发展迅速。如果和他约定 10 分钟后收拾玩具，到时提醒他“时间到了”，他就会很配合地收拾玩具。本节课将发展幼儿的时间知觉，引导他们建立时间观念，培养良好的生活习惯。同时，让幼儿了解时钟的结构及作用，了解能让猫头鹰进出的动力装置。本节课将增加时间编程卡，幼儿可通过点读时间卡，控制猫头鹰朝不同方向运行，并观察猫头鹰的运行规律。

学习目标

- 了解时钟的结构组成、种类和用途。
- 当他人对自己说话的时候，能够做出礼貌回应。
- 愿意与他人分享，喜欢承担一些小任务。
- 探究往复运动及两点固定的原理。
- 掌握初步的时间概念、认识整点时间、辨别秒数及方向。
- 感受时间的重要性，慢慢建立时间观念。

主题作品

☆ 请你在钟表上画出 3 点整的时候，时针和分针的位置。要注意，时针比分针短哦！

☆ 你能够说出图中人物起床、吃饭、游戏和睡觉的时间吗？

第四单元：生活小帮手

创意搭建

1 搭建参考 底座和表盘

2 搭建参考 钟身

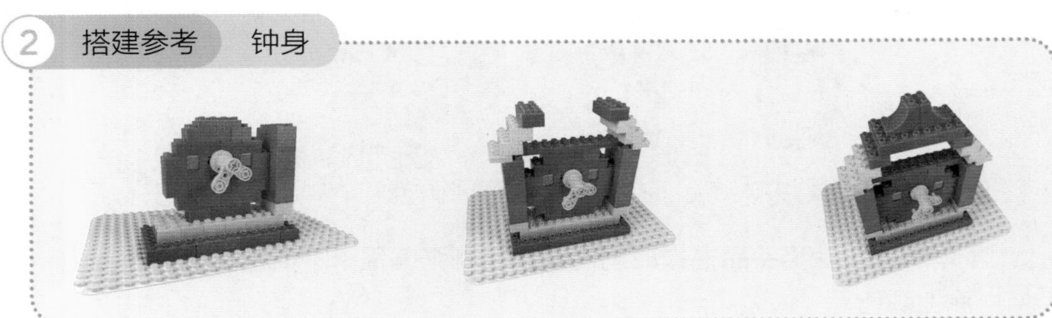

3 搭建参考 动力装置

拓展游戏

★【单选题】请找出下面的时钟里哪个时钟指的是 9 点整。请在对应的圆圈中涂上颜色。

★【单选题】让猫头鹰播报时间需要使用哪张编程卡？请在对应的圆圈中涂上颜色。

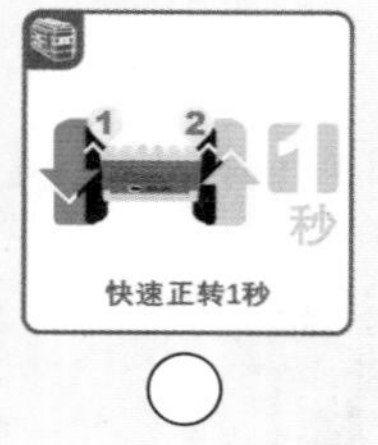

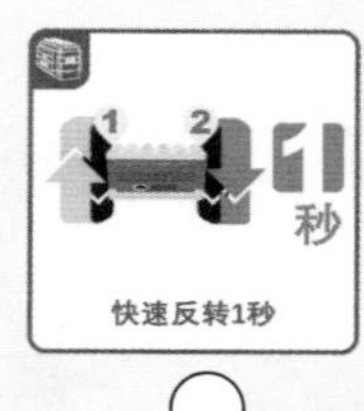

★ 和家人一起设定几个小场景，如吃饭或者玩游戏的场景。家长说出对应的场景，幼儿随即调整时钟指针，以指向相应的时间。

总结与延伸

1. 搭建过程中要在表盘的中间留出放指针的位置。在调整时间的时候，需要将曲柄取下调整。
2. 幼儿可以将自己的创意添加进去，将场景搭建得更丰富。
3. 家长与幼儿进行游戏互动时，可以提问幼儿整点的时间，并在钟表上指出整点时间，在整点的时候，可以进行配音报时。

农夫的水车

以前的人们都是通过什么方式浇灌庄稼的？通过观看有趣的视频，让幼儿了解过去灌溉农田需要的工具，让幼儿在游戏中明白每一粒粮食都来之不易，同时了解中国劳动人民善用智慧，发明了水车。本节课还将引导幼儿探究不同秒数的编程卡，感受模型运行效果。

- 了解人力水车的结构组成、作用及工作原理。
- 情绪保持稳定，能够进行自我行为管控。
- 能根据自己的兴趣设计游戏活动。
- 探究往复结构及连杆应用。
- 探究秒数点读卡与音效卡的应用，感受模型运行效果。
- 知道中国劳动人民善用智慧，发明了能引水灌溉的农具——水车。

★【单选题】找一找哪个是可以灌溉农田的水车。请在对应的圆圈中涂上颜色。

○　○　○

★ 仔细观察工具栏中的拼图碎片，请在空白区域填写上右边正确图片的编号吧！

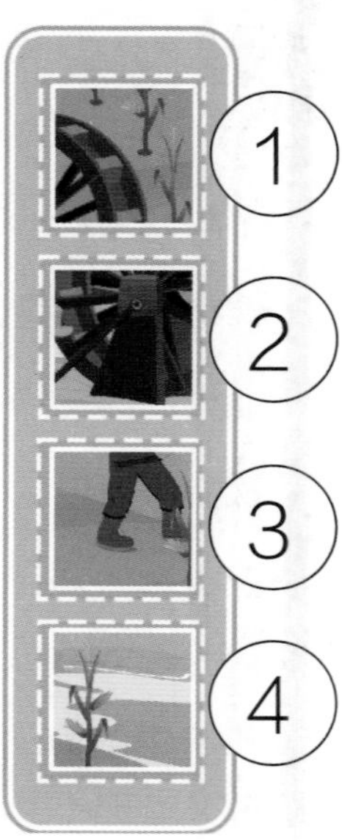

1 搭建参考 支架和水车轮

2 搭建参考 农夫的身体和四肢

3 搭建参考 农夫的头部和摇杆

★【单选题】下面的结构中哪个是正确的往复运动结构？请在对应的圆圈中涂上颜色。

总结与延伸

1. 本作品搭建的难点在于农夫和水车的连接，然后利用曲柄摇杆结构进行往复运动；
2. 搭建农夫的头部时，幼儿也可以将自己的创意加进去，利用自己的方法进行搭建；
3. 家长与幼儿进行亲子互动时，可以给幼儿讲解水车的历史及水车的运动原理。

★【单选题】让农夫快速反转 3 秒需要使用哪张编程卡？请在对应的圆圈中涂上颜色。

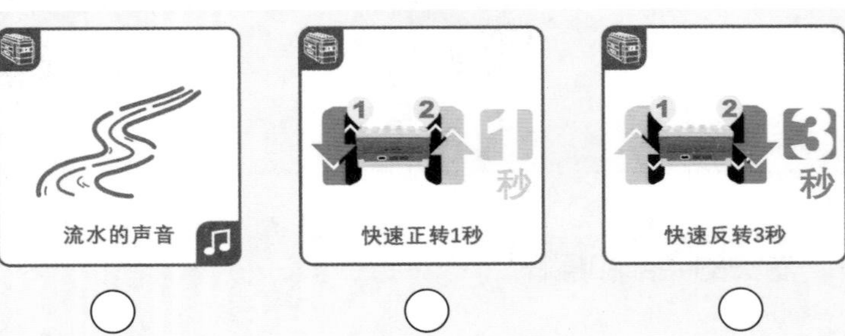

服务员机器人

作品导语

随着科技的发展，人工智能机器人替代人类工作的事情已经不稀奇了。本节课会通过图片展示，让幼儿了解餐厅的正确用餐行为。通过模拟送餐任务，让幼儿学会编写指令控制机器人送餐的运行方向，知道起点和终点的概念，学会路径规划。

学习目标

- 了解机器人的身体结构及功能。
- 情绪保持稳定，能够进行自我行为管控。
- 知道在餐厅用餐需遵守的行为规范。
- 探究皮带传动的工作原理。
- 学会规划路径，使用编程笔控制服务员机器人完成送餐任务。
- 与同伴相互合作做游戏，体会与同伴交往的快乐。

主题作品

★ 请说一说哪些是在餐厅用餐的正确行为，并在图中打上对号。

★ 机器人想分别给 1 号和 2 号餐桌送餐，请用笔分别画出到达这两个餐桌的最短送餐路径，在机器人要经过的格子内画上“○”吧!

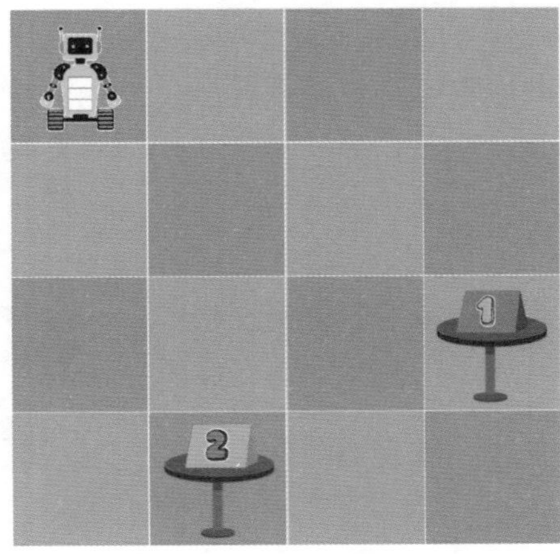

第四单元：生活小帮手

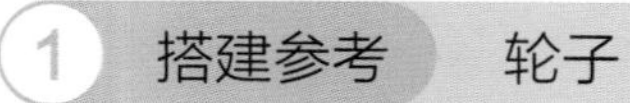

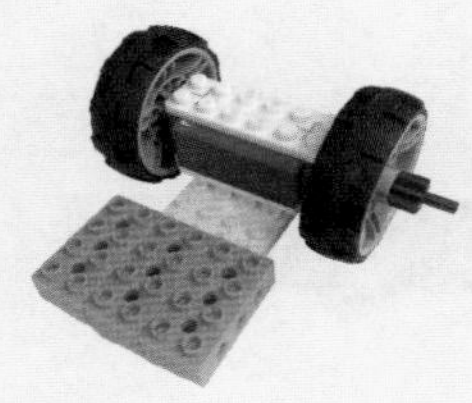
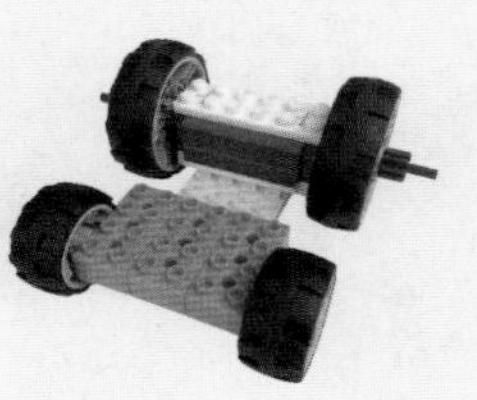

2 搭建参考 托盘

3 搭建参考 头部

★【单选题】哪种皮带传动的连接方式会让物体朝相同的方向转动？请在对应的圆圈中涂上颜色。

○　　○

★【单选题】要想让服务员机器人先前进 3 秒再后退 3 秒，下面哪组编程是正确的？请在对应的圆圈中涂上颜色。

○

○

总结与延伸

1. 本作品搭建的难点在于 4 个轮子的固定，以及利用皮带传动结构，让两只眼睛实现同时转动。也可以将皮带进行 8 字固定，实现两只眼睛的反方向旋转；
2. 幼儿可以进行创意搭建，丰富食材。亲子互动时，幼儿充当小厨师做饭做菜，家长作为客人点菜。幼儿可以控制送餐机器人上菜。

电动吸尘器

作品导语

在家里的各个角落，常会隐藏一些看不见的灰尘。本节课通过搭建一个电动吸尘器，使之完成打扫卫生的任务，从而让幼儿了解吸尘器的功能和结构，熟练运用异型积木配合搭建，并让幼儿了解轴杆固定的原理，利用轴杆固定吸尘器的吸管和吸嘴。

学习目标

- 了解电动吸尘器的结构组成、名称及用途。
- 情绪保持稳定，能够进行自我行为管控。
- 主动发言，勇于承担任务活动，遇到问题能坚持。
- 探究两点固定结构以及履带的运用。
- 学会使用编程卡控制吸尘器工作。
- 体恤父母的辛苦，能够帮助父母做力所能及的事。

主题作品

★【多选题】你知道吸尘器可以吸走哪些物品吗？请在对应的圆圈中涂上颜色。

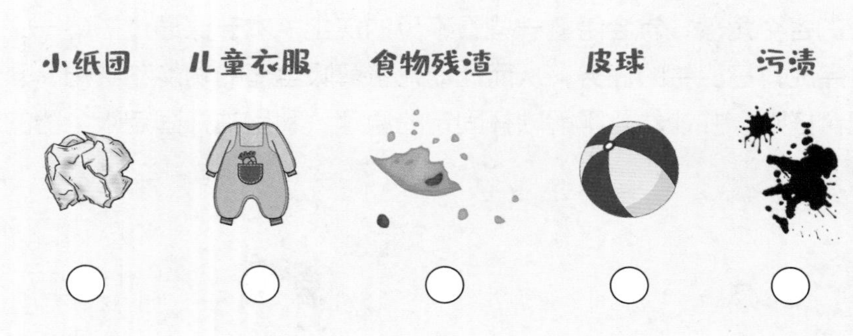

★ 吸尘器要开始打扫卫生了，请帮助它规划一条经过沙发和书架的打扫路线吧！在吸尘器要经过的格子内画上“○”吧！

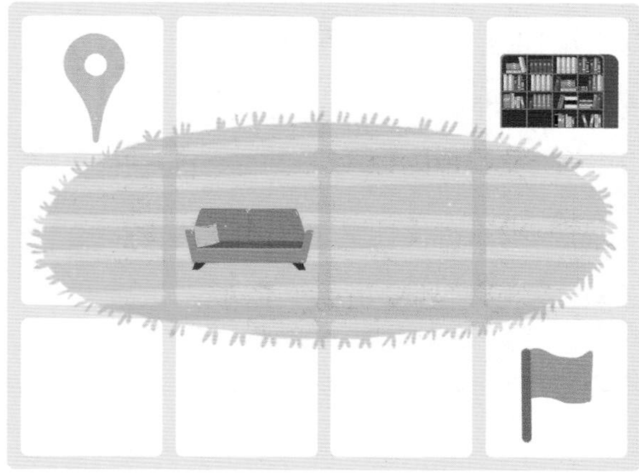

创意搭建

1 搭建参考 轮子和底座

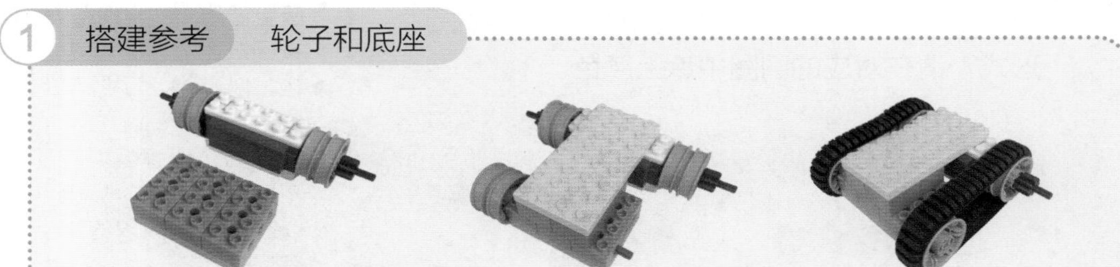

2 搭建参考 垃圾盒

3 搭建参考 吸管和吸嘴

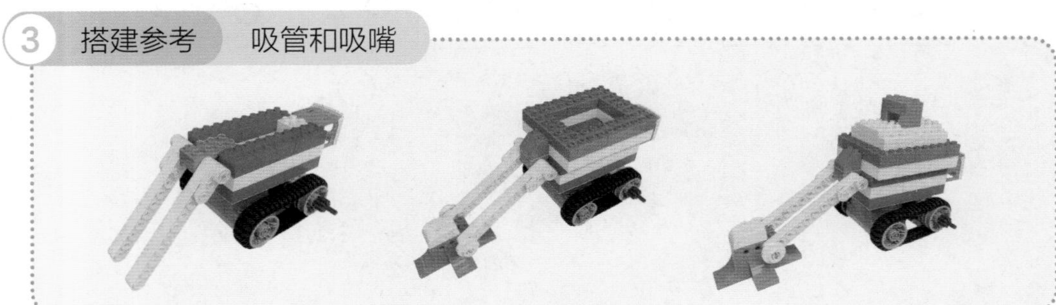

★【单选题】在下图中，哪个是正确的两点固定形式？请在对应的圆圈中涂上颜色。

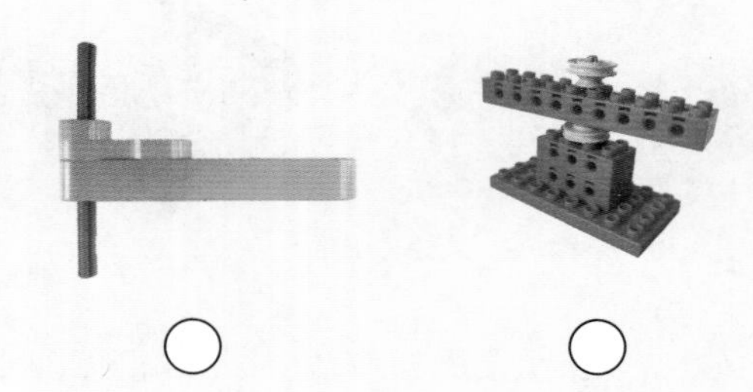

总结与延伸

1. 本作品搭建的难点在于吸尘器结构的合理布局，其间巩固了两点固定结构，以及学习了履带的使用方法；
2. 引导幼儿理解吸尘器基本的使用方法，知道可以被吸尘器吸入的物品有哪些；
3. 家长可与幼儿一起模拟吸尘游戏，让幼儿控制吸尘器的运行方向，增强对指令的理解，同时建立幼儿的劳动意识。

★【单选题】思考一下，吸尘器要按照“前进—左转—右转”的顺序运行，哪一组编程是正确的？请在对应的圆圈中涂上颜色。

全自动打蛋器

作品导语

本节课会引导幼儿充当小厨师的角色一起制作蛋糕，让他们了解制作蛋糕需要用到的食材及做蛋糕的流程，同时探究电动打蛋器的结构及运行逻辑，学习冠状齿轮的使用方法及其作用，并利用冠状齿轮进行齿轮传动及改变传动方向。最后，通过编程让打蛋器实现快速或慢速运转。

学习目标

- 了解自动打蛋器的结构组成、名称及用途。
- 遇到问题不急躁，能够请求他人帮忙。
- 主动发言，勇于承担任务活动，遇到问题能坚持。
- 探究多齿轮传动方式。
- 使用编程卡控制打蛋器完成快速或慢速旋转。
- 感受游戏带来的乐趣，增强游戏体验感。

主题作品

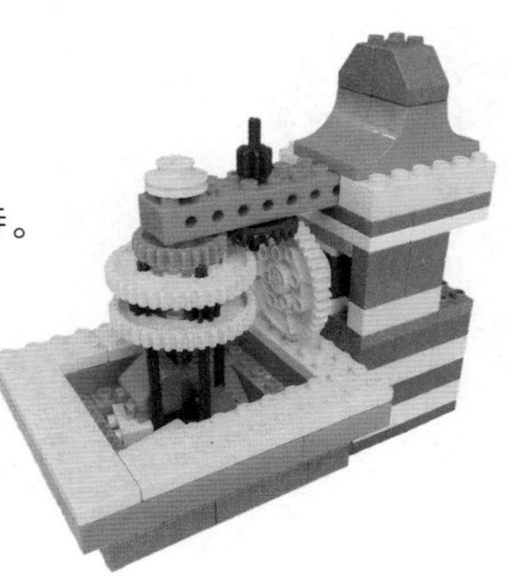

★【多选题】你知道做蛋糕需要使用以下哪些食材吗？请在对应的圆圈中涂上颜色。

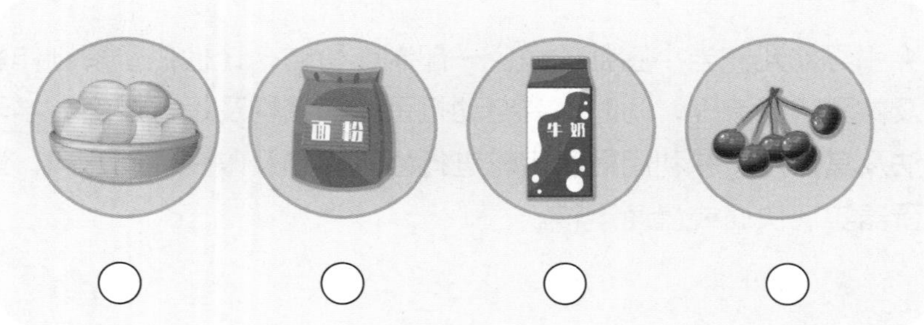

★ 你知道做蛋糕的正确流程吗？请在下方括号中填写正确的数字顺序吧！

创意搭建

1 搭建参考 底座和支架

2 搭建参考 搅拌器

3 搭建参考 碗

拓展游戏

【多选题】在搭建自动打蛋器时，使用了哪几种齿轮传动结构？请在对应的圆圈中涂上颜色。

总结与延伸

1. 本作品搭建的难点在于齿轮平行传动和垂直传动的组合运用，需要理解其运行原理；
2. 引导幼儿编写不同的运转指令，感受不同速度所带来的变化；
3. 家长可与幼儿一起进行模拟厨房的游戏，在碗里放一些小积木，增添趣味性。

【单选题】自动打蛋器要按照“低速运转 3 秒—高速运转 3 秒—低速运转 1 秒”的顺序运行，哪组编程是正确的？请在对应的圆圈中涂上颜色。

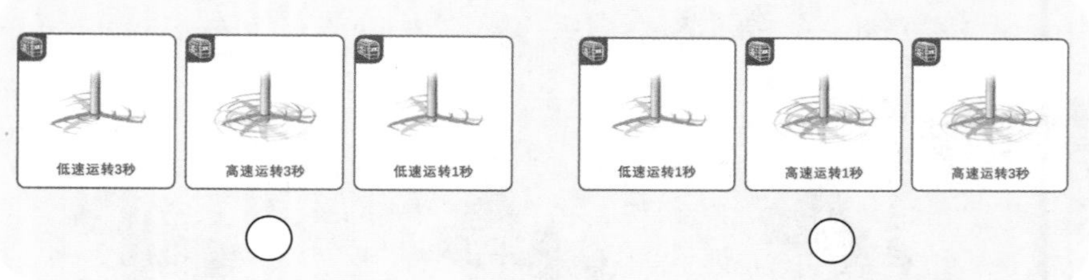

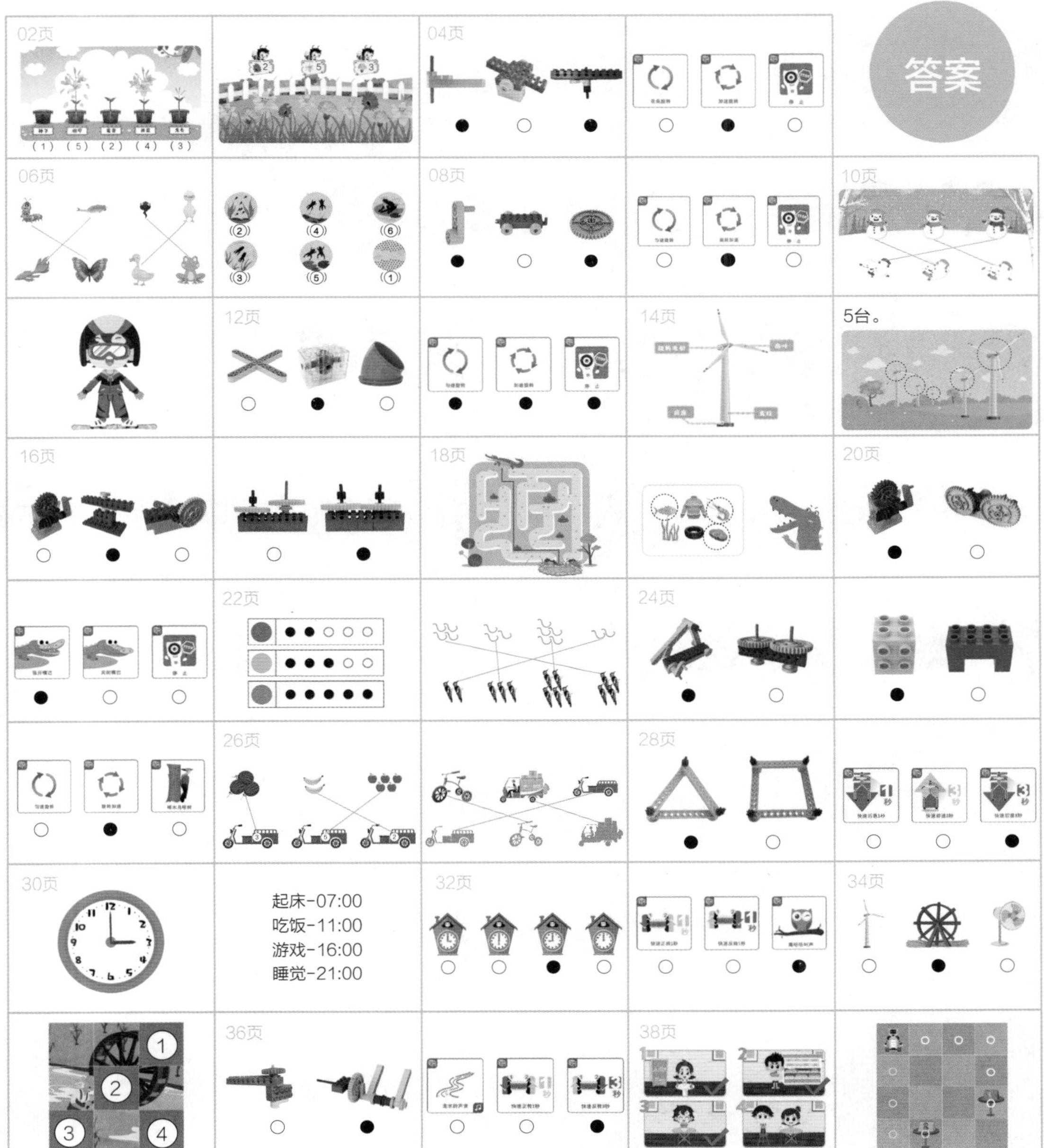
答案
02页
（1） （5） （2） （4） （3）
04页
06页
(2) (4) (6)
(3) (5) (1)
08页
10页
12页
14页
5台。
16页
18页
20页
22页
24页
26页
28页
30页
起床-07:00
吃饭-11:00
游戏-16:00
睡觉-21:00
32页
34页
1 2 3 4
36页
38页

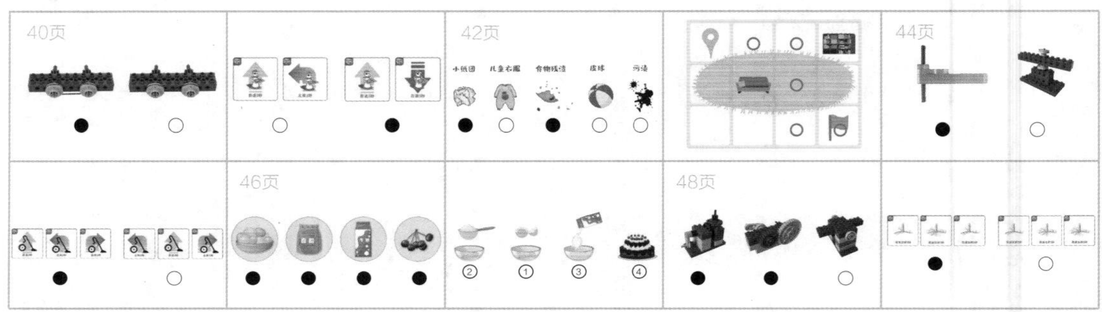
40页
42页
小纸团
儿童衣服
食物残渣
皮球
污渍
44页
46页
48页

搭建原理

互锁结构

此结构是最常用的结构之一，使用砌墙一样的方法，把上下两层的积木错开垒放，使搭建的结构更加牢固。

平面互锁

转角式立体互锁

立体互锁（内缩式）

立体互锁（外扩式）

两点固定

此结构通过两个滑轮或者一个曲柄实现两点固定。当转动轴时，黄梁结构会跟随旋转。

杆加长

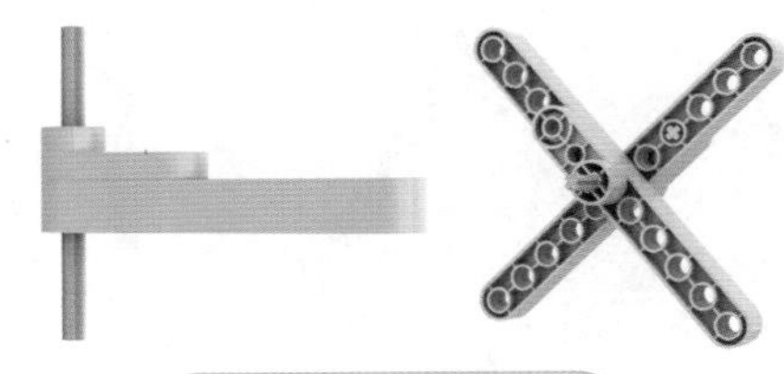

轴杆固定

杠杆结构

通过支点，实现省力、改变方向等传动效果，多用于跷跷板或者能开合的结构。

跷跷板结构

杠杆结构

形状认知

感受不同形状的特性，借助积木增强对形状的认识。

三角形（具有稳定性）

四边形（不具有稳定性）

合页结构

轴与孔形成合页结构，实现绕轴运动或摆动的状态，可应用于门的搭建。

滑轮合页

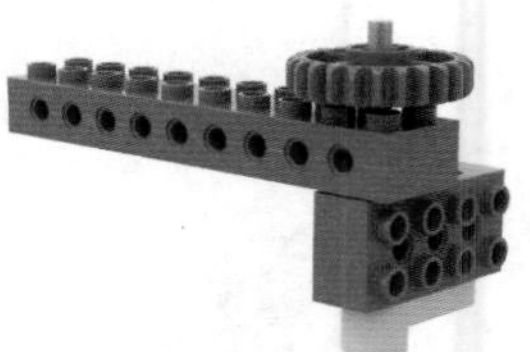

曲柄合页

汉堡包结构

通过汉堡包结构可让黄梁或者孔梁垂直立于桌面，探究积木的两点固定位置，可应用于支架的搭建。

随轴/绕轴旋转

此结构通过借助外力的作用，绕轴心进行旋转运动。

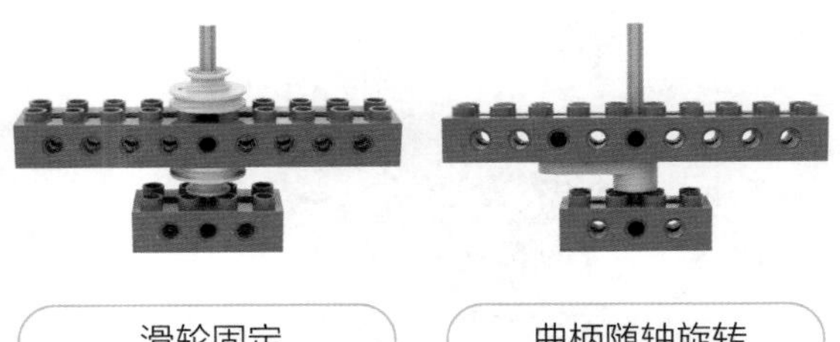

滑轮固定　　曲柄随轴旋转

皮带传动

将皮带固定于滑轮上，以此来传递动力。不同的放置效果会带来不同传动状态。

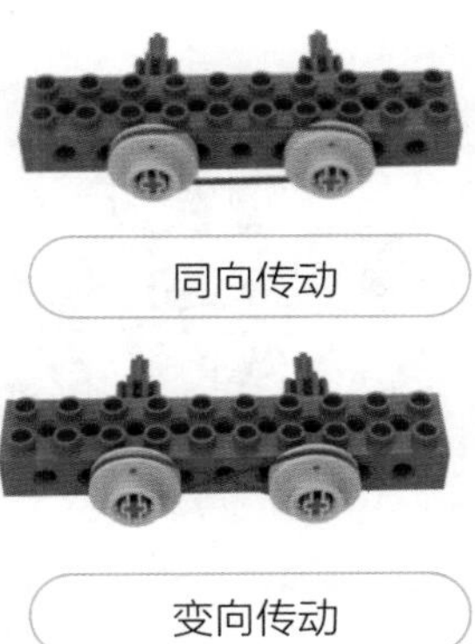

同向传动

变向传动

凸轮结构

这是一种用来实现周期性运动的结构，主要通过两点一线的原理将曲柄固定到齿轮上。

利用齿轮

棘轮结构

利用齿轮和其他积木实现依靠卡位结构进行单向旋转或反向锁死的运动效果。

棘轮棘爪结构

索传动

依靠滑轮和绳索钩子实现提升、拖拉等运动，常应用于电梯或者索道等。

滑轮+吊钩组合

连杆结构

连杆结构是应用比较广泛的结构，但也较为复杂，主要用于实现多种形式的摆动或者移动。

利用曲柄带动黄梁进行连杆运动

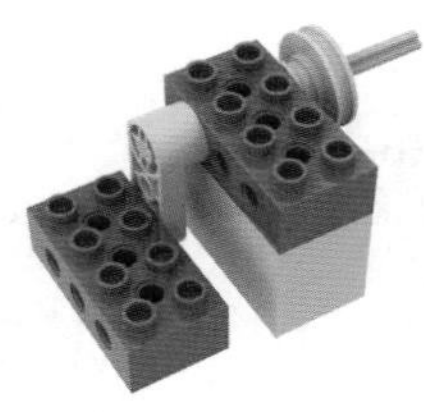

利用曲柄带动红梁进行连杆运动

齿轮做曲柄

齿轮传动

利用蜗轮或齿轮可以改变物体运动方向。蜗轮蜗杆传动不仅能改变物体运动方向，还有自锁的功能。

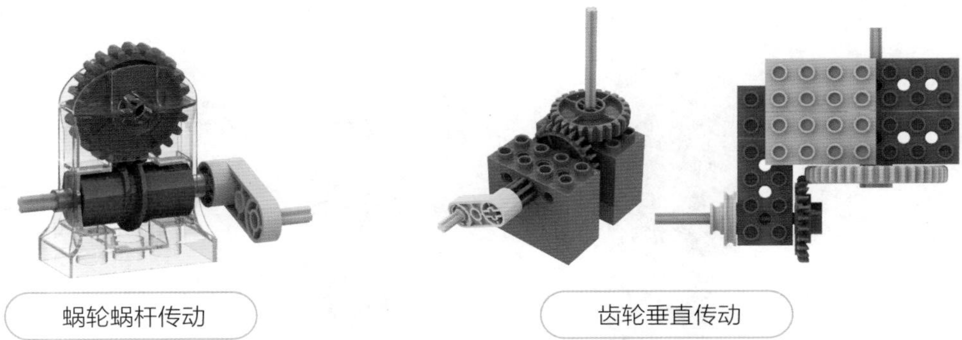

蜗轮蜗杆传动　　齿轮垂直传动

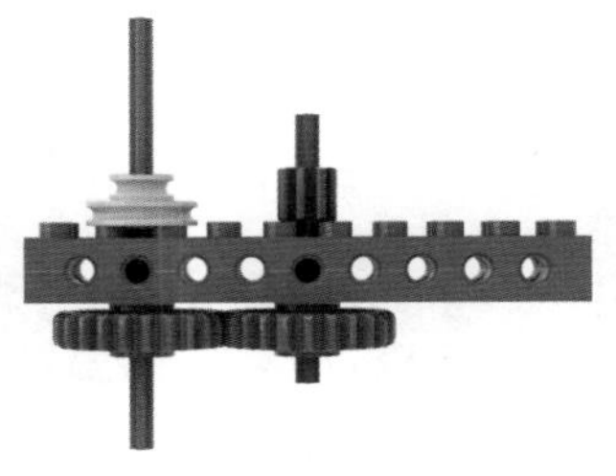

齿轮平行传动（常见）

齿轮平行传动（惰轮）

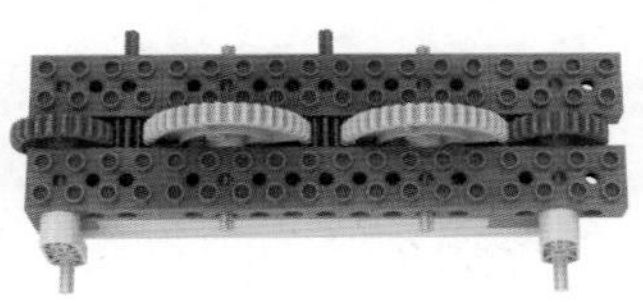

齿轮平行传动（多齿轮）

齿轮加减速

利用多齿轮进行传动，当大齿轮带动小齿轮时可实现加速运动；相反，当小齿轮带动大齿轮时可实现减速运动。

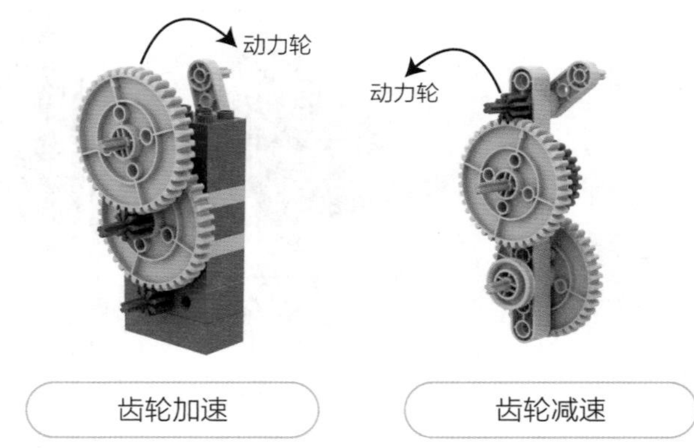

和机器人一起学编程

大颗粒电子积木一级 ③

盛通教育研究院　编著

清華大学出版社
北　京

图书在版编目（CIP）数据

和机器人一起学编程：大颗粒电子积木一级 / 盛通教育研究院编著.— 北京：清华大学出版社，2024.12

ISBN 978-7-302-63261-0

Ⅰ.①和… Ⅱ.①盛… Ⅲ.①程序设计－少年读物 Ⅳ.①TP311.1-49

中国国家版本馆CIP数据核字（2023）第058774号

责任编辑： 肖 路
封面设计： 北京乐博乐博教育科技有限公司
责任校对： 欧 洋
责任印制： 杨 艳

出版发行： 清华大学出版社
网 址： https://www.tup.com.cn, https://www.wqxuetang.com
地 址： 北京清华大学学研大厦A座 **邮 编：** 100084
社 总 机： 010-83470000 **邮 购：** 010-62786544
投稿与读者服务： 010-62776969, c-service@tup.tsinghua.edu.cn
质量反馈： 010-62772015, zhiliang@tup.tsinghua.edu.cn
印 装 者： 北京盛通印刷股份有限公司
经 销： 全国新华书店
开 本： 185mm×200mm **印 张：** 12.8 **字 数：** 195千字
版 次： 2024年12月第1版 **印 次：** 2024年12月第1次印刷
定 价： 150.00元（全四册）

产品编号：095644-01

注意事项及使用说明

注意事项

1. 积木很坚硬，请不要将积木放入口中或者咬积木。
2. 不可以乱扔积木，被积木硌到会很痛的。
3. 请不要把积木放到水里或者火边。
4. 请小心积木尖锐的部位，切勿向他人挥动或投掷积木。
5. 请勿拆解电子积木，要在家长或教师的看护下进行组装和操作。
6. 每次积木使用完后记得分类整理，便于下次使用。
7. 配合充电线给电池充电，在每次搭建前完成充电工作。

使用说明

1. 在使用本书时，需要家长协助和引导，幼儿年龄越小，家长参与度越高哦！
2. 在“作品导语”和“学习目标”环节，明确了主题内容及幼儿的学习目标。
3. 在“思考一下”及“拓展游戏”环节，知识点以游戏的方式展开，旨在发展幼儿的思维，同时巩固编程知识点和搭建方法。
4. 在搭建过程中，不需要按照搭建步骤图搭建出一模一样的模型。在搭建中多引导幼儿发挥想象，享受搭建的过程。
5. 搭建过程中幼儿会遇到各种困难，家长需耐心指引，引导幼儿探索问题。

常用积木

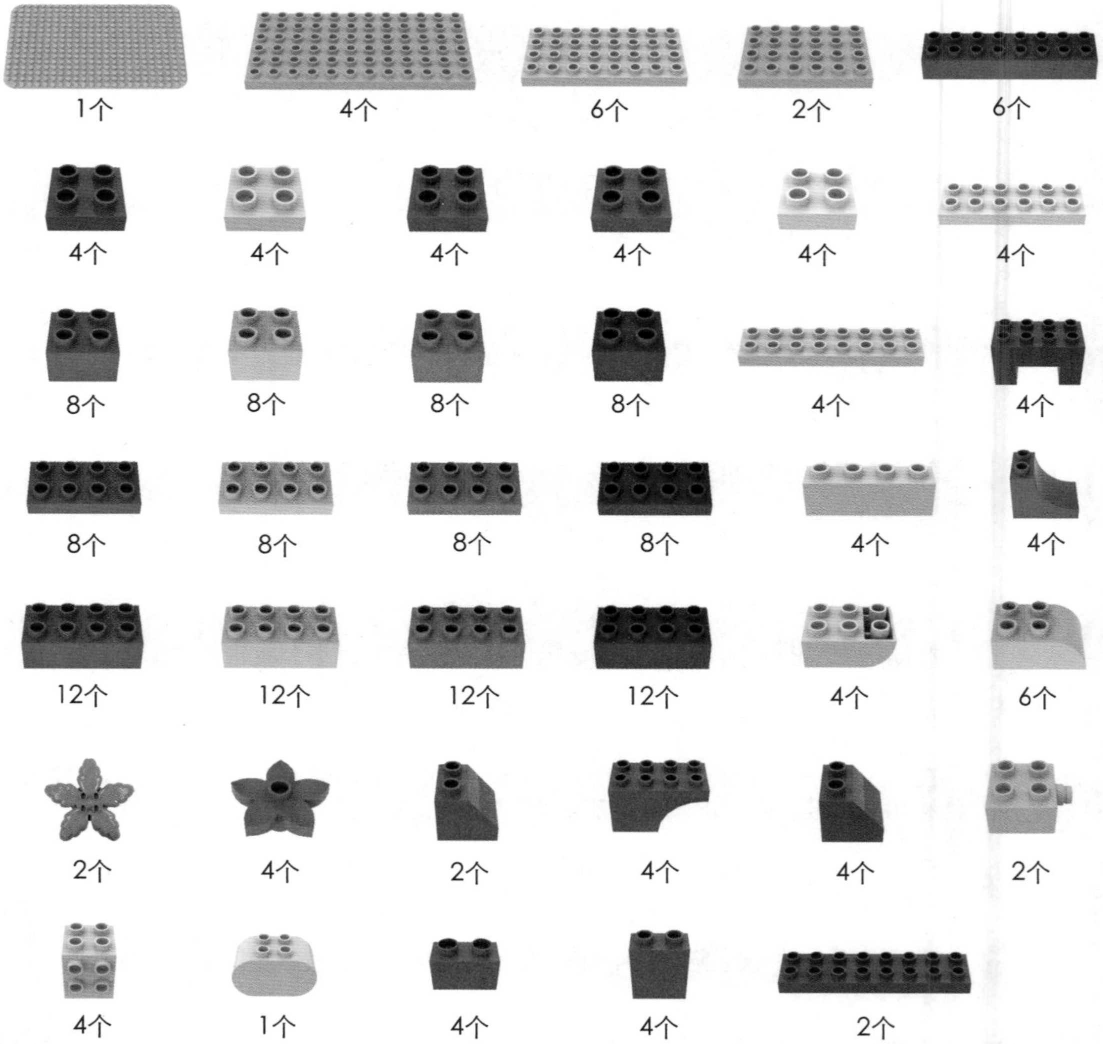

1个　4个　6个　2个　6个

4个　4个　4个　4个　4个　4个

8个　8个　8个　8个　4个　4个

8个　8个　8个　8个　4个　4个

12个　12个　12个　12个　4个　6个

2个　4个　2个　4个　4个　2个

4个　1个　4个　4个　2个

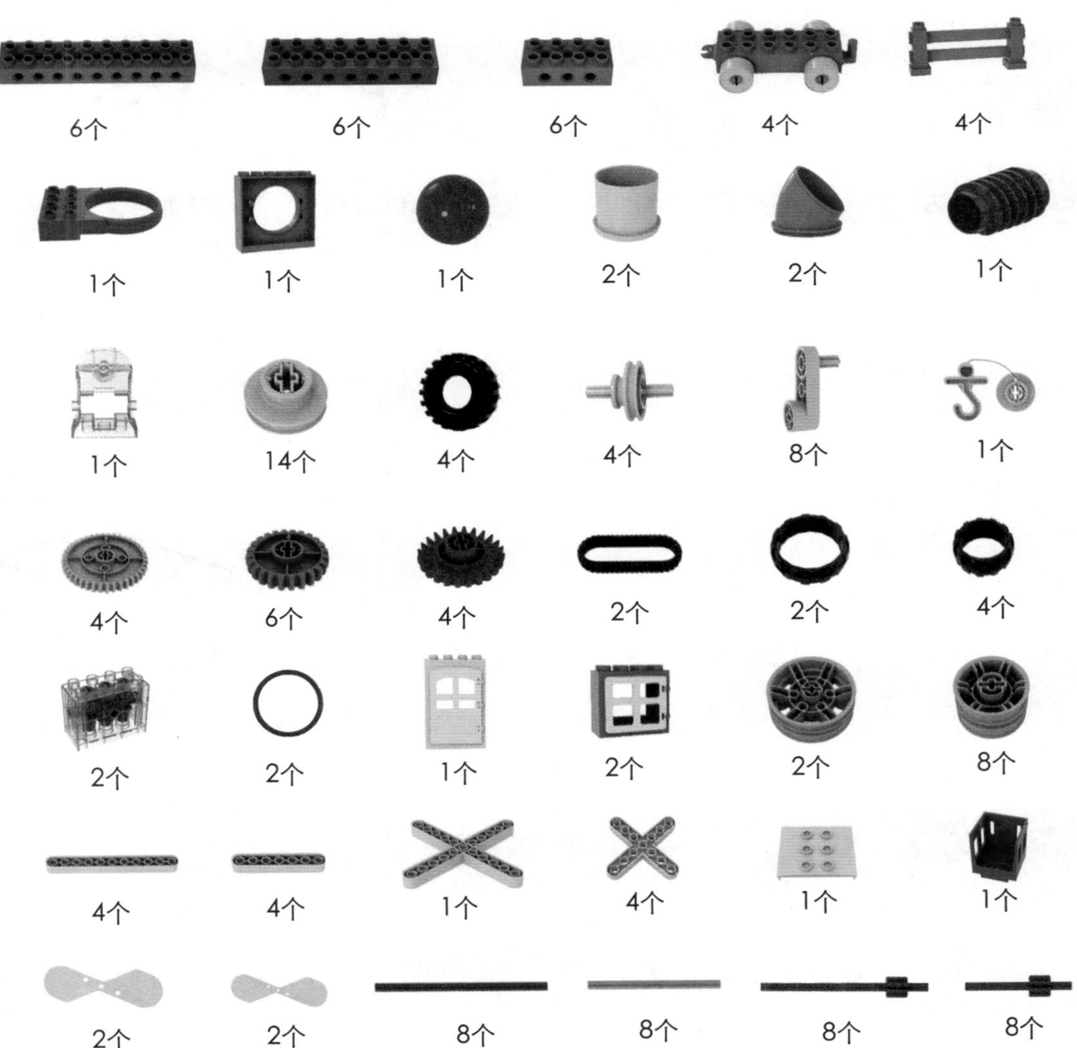
6个
6个
6个
4个
4个
1个
1个
1个
2个
2个
1个
1个
14个
4个
4个
8个
1个
4个
6个
4个
2个
2个
4个
2个
2个
1个
2个
2个
8个
4个
4个
1个
4个
1个
1个
2个
2个
8个
8个
8个
8个

电子积木

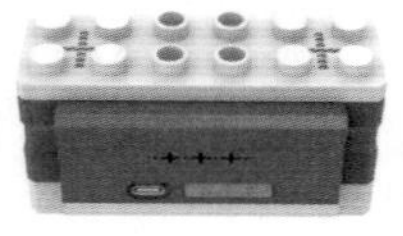
无线幼教马达1个

全彩LED灯模块1个

红外测距传感器1个

触碰传感器1个

其他配件

智能点读笔1个

白色手机充电器1个

充电线(type-c)1个

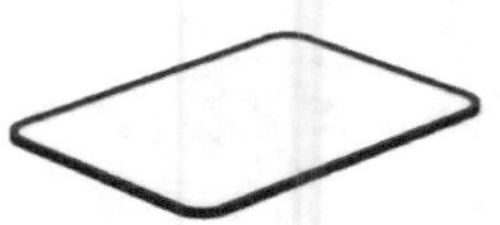
编程2.0小白板1个

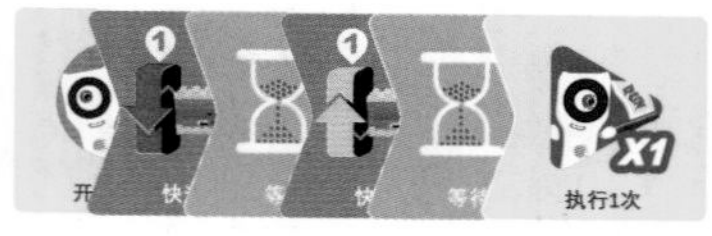

磁卡82张

大颗粒电子积木使用手册

目录

第五单元：疯狂动物城

闪电小蜗牛

蜗牛是一种移动缓慢的动物。本节课将引导幼儿了解蜗牛生活的环境和习性，知道蜗牛是世界上牙齿最多的动物，能够通过连线的方式画出蜗牛壳，并能够识别不同的形状。通过新的编程形式，让幼儿感受完整的程序，理解程序的开始和结束，控制自己搭建的蜗牛行走。

- 知道蜗牛是世界上牙齿最多的动物。
- 能够耐心等待，愿意接受他人建议。
- 探究蜗牛壳的形态规律。
- 巩固互锁结构，探究搭建规律。
- 能够识别不同的形状，通过新的编程形式，感受完整的程序，理解程序的开始和结束。
- 知道蜗牛虽然行走得很慢，但是只要坚持，就会到达目的地。

★ 请按照数字的顺序连线，画出蜗牛壳吧！

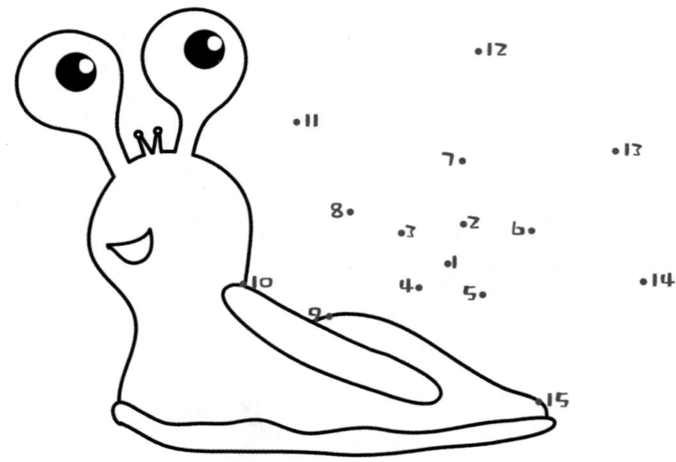

★ 请根据右边工具栏中蜗牛壳的形状，在左侧对应的蜗牛壳中涂上正确的颜色吧！

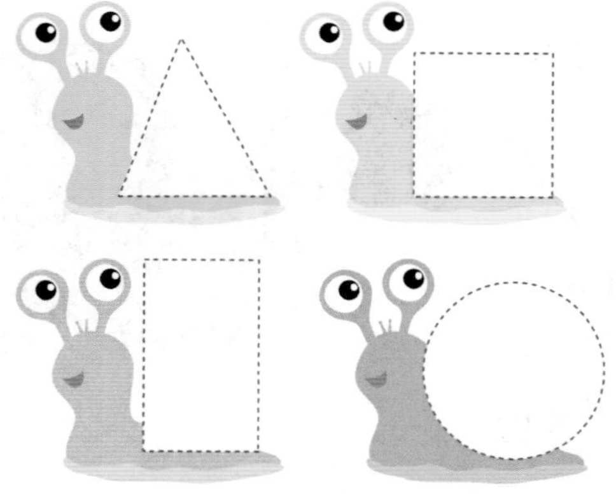

创意搭建

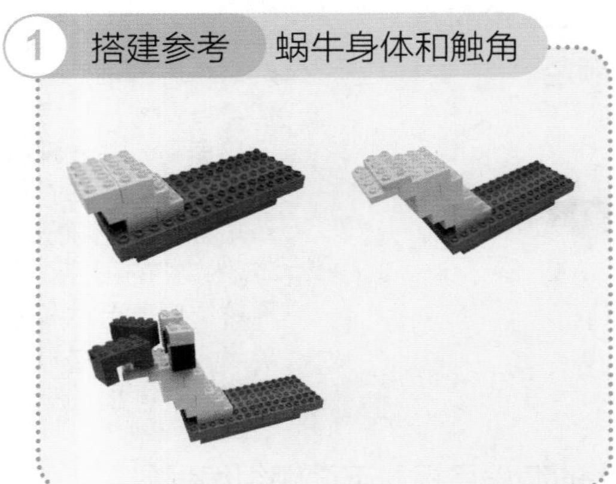
1 搭建参考 蜗牛身体和触角

2 搭建参考 蜗牛壳

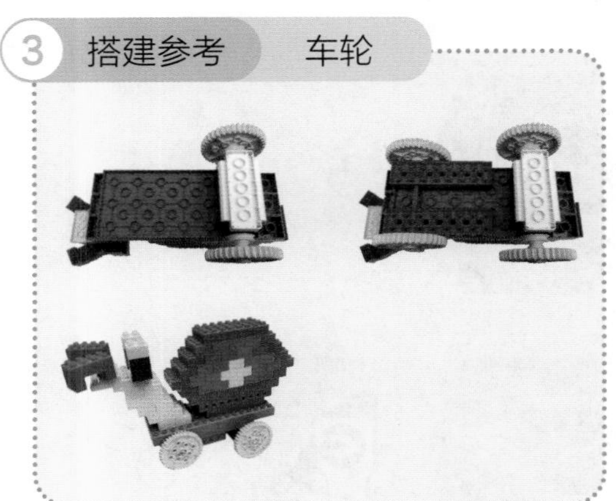
3 搭建参考 车轮

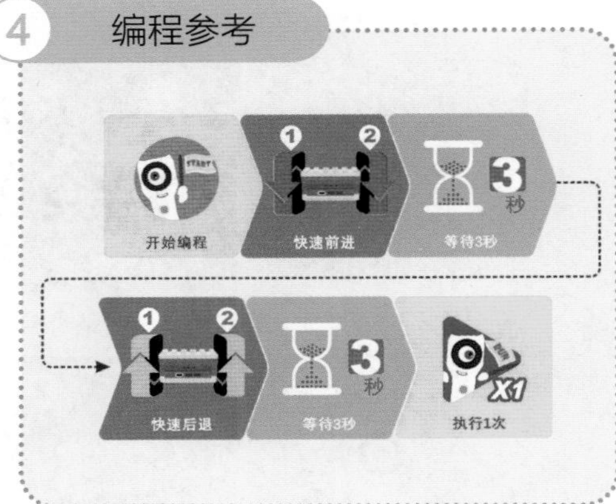
4 编程参考
开始编程
快速前进
3
秒
等待3秒
快速后退
3
秒
等待3秒
X1
执行1次

★【多选题】观察一下，下图中哪几种安装车轮的方式是正确的？请在对应的圆圈中涂上颜色。

总结与延伸

1. 本作品搭建的难点在于车轮的固定以及蜗牛壳的规则搭建，需要幼儿灵活运用器材，并发现搭建规律；
2. 幼儿需要通过实践，感受完整的程序，理解程序的开始和结束，控制自己搭建的蜗牛行走。

★【单选题】要想实现“蜗牛前进 3 秒”的编程目标，下面哪组编程是正确的？请在对应的圆圈中涂上颜色。

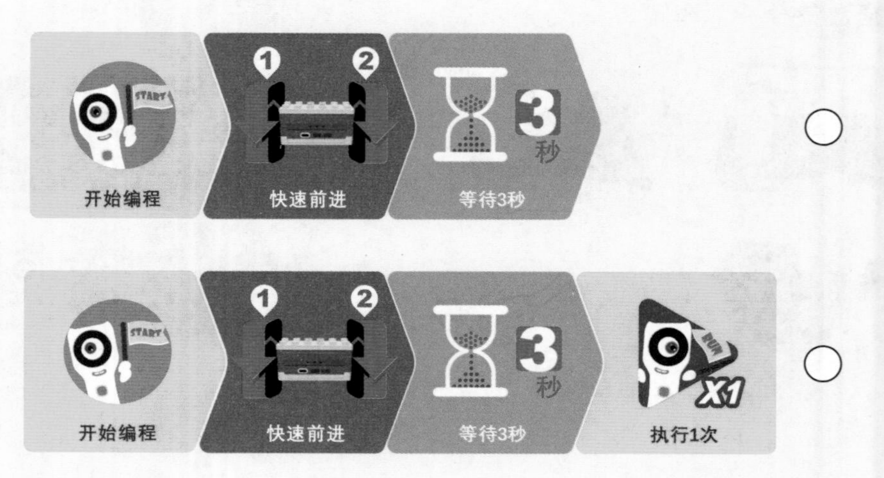

热闹的动物园

动物园是个有趣的地方，里面住着很多动物，很多幼儿都曾去过动物园。幼儿会对这些动物感到好奇，为什么长颈鹿脖子那么长？为什么大象鼻子那么长？本节课将通过图画引导幼儿了解长颈鹿的脖子和大象鼻子的作用，并根据长颈鹿和大象的身体结构进行模型搭建。此外，课程还将通过编程控制栅栏门的开合，以此帮助幼儿巩固并理解完整程序的编写。

- 了解动物身体特征以及生活习性。
- 愿意做自己力所能及的事情。
- 简单了解动物园的规则，并能够自主制定游戏规则。
- 巩固对蜗轮蜗杆结构自锁和减速功能的理解。
- 通过编程控制栅栏门的开合，巩固并理解完整程序的编写。
- 培养对动物的喜爱之情，能够根据动物的特点进行颜色搭配。

★ 找一找这是谁的影子，把它们连接起来吧！

★ 每幅图上画着什么动物？各有几只呢？请把与它们数量对应的数字圈出来。

1 2 3 4 5 6	1 2 3 4 5 6

创意搭建

1 搭建参考 大象

2 搭建参考 长颈鹿

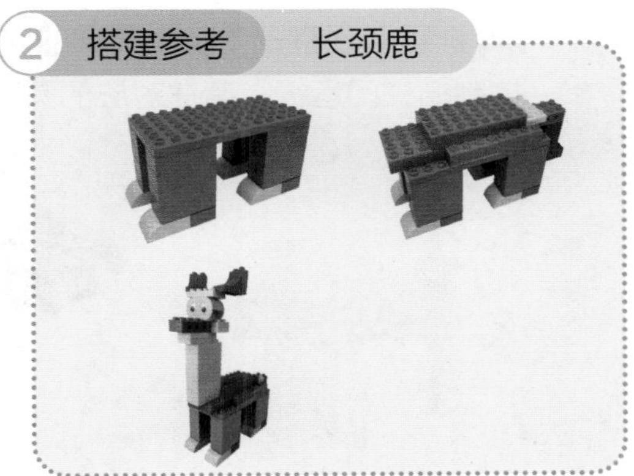

3 搭建参考 栅栏门

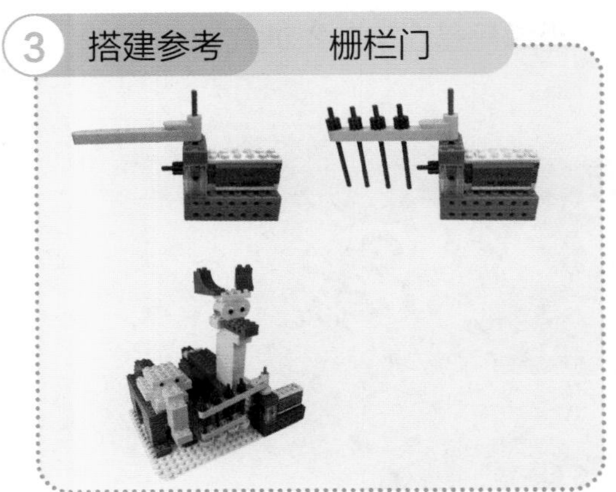

4 编程参考

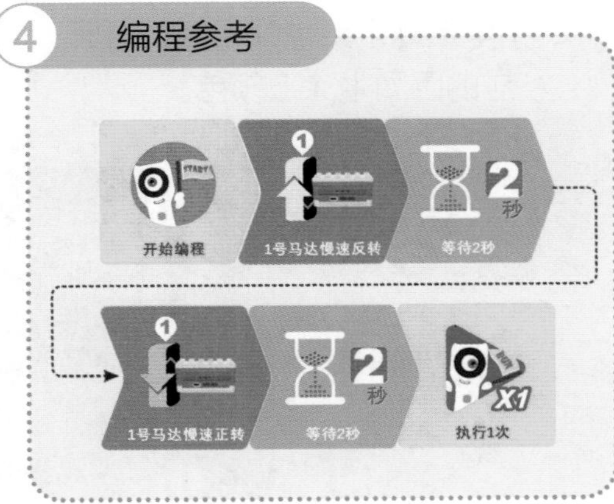

★【单选题】观察一下，本节课的作品使用了哪种结构控制栅栏门运行？请在对应的圆圈中涂上颜色。

★【单选题】要想让栅栏门打开，下面哪组编程是正确的？请在对应的圆圈中涂上颜色。

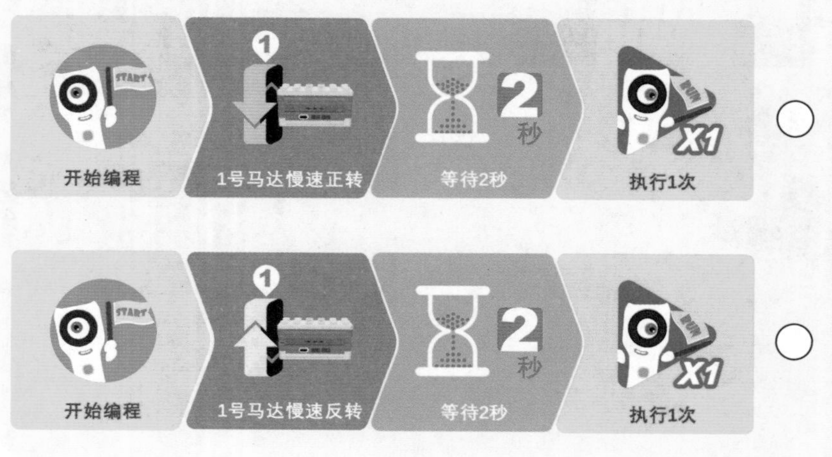

总结与延伸

1. 本作品搭建的难点在于栅栏门，需要利用蜗轮蜗杆结构带动栅栏门开合，幼儿需理解其原理；
2. 家长与幼儿互动时，可以让幼儿充当小饲养员给动物喂食，控制栅栏门的打开和关闭。

动物城音乐会

作品导语

本节课将通过故事引入，帮助幼儿探索猴子的身体结构及生活习性，通过观察游戏认识颜色的对应关系，找寻规律。在搭建环节中，幼儿可以探究杠杆的不同连接方式及凸轮的作用，熟练运用异型积木进行创意搭建，灵活辨别马达端口以及编写猴子敲击鼓面的指令。

学习目标

- 了解猴子的身体结构。
- 面对问题不急躁，友好地表达自己的想法。
- 自主设定游戏规则，感受游戏快乐。
- 探究杠杆和凸轮的结构及作用。
- 认识颜色，灵活辨别马达端口，编写猴子敲击鼓面的指令。
- 发挥创意，设计出不同的猴子造型。

主题作品

【多选题】小猴子喜欢吃哪些食物？请在对应的圆圈中涂上颜色。

根据鼓棒颜色，帮助小猴子找到对应颜色的鼓，并连线。

创意搭建

1 搭建参考 鼓

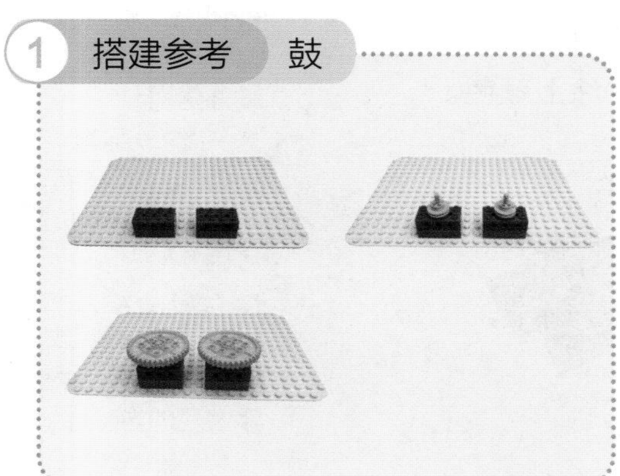

2 搭建参考 猴子

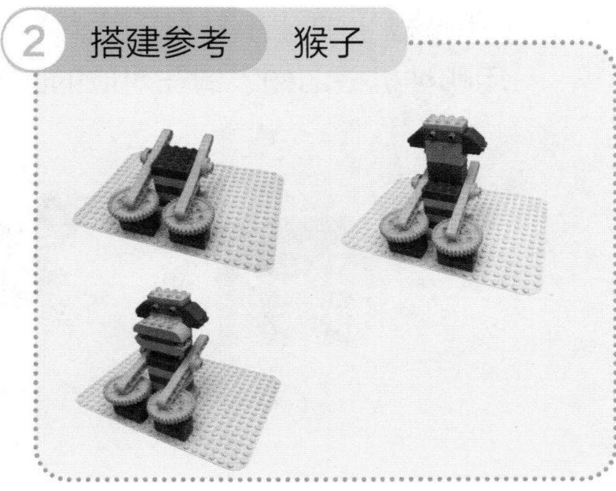

3 搭建参考 动力装置

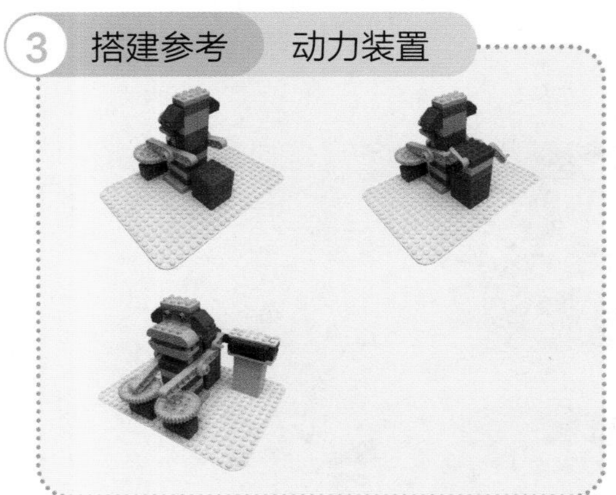

4 编程参考

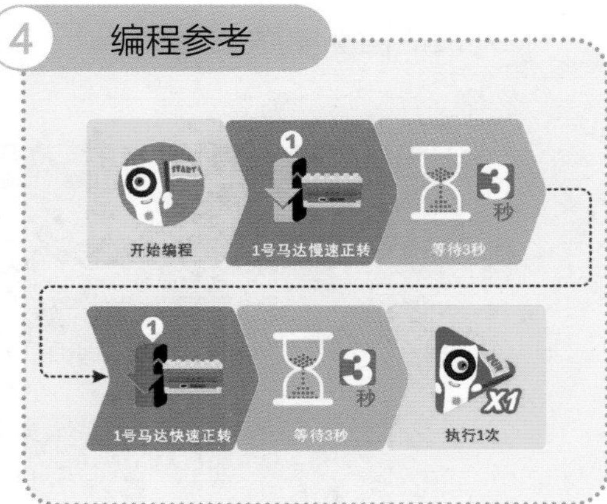

★【单选题】要让小猴子的手臂敲打鼓面，需要使用哪种机械结构？请在对应的圆圈中涂上颜色。

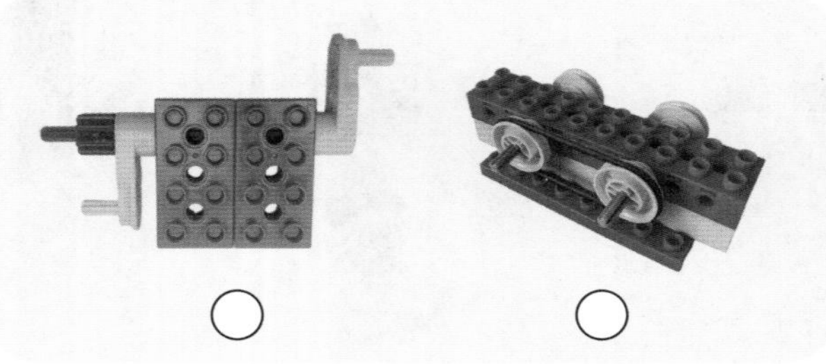

总结与延伸

1. 本作品制作的难点在于猴子面部结构的创意搭建，需要突出猴子的嘴部结构；
2. 探究猴子手臂如何持续敲打鼓面，学习凸轮结构的应用；
3. 家长可与幼儿进行互动游戏，增加一些音乐，增添游戏的趣味性。

★【单选题】要想实现小猴子敲打鼓面，下面哪组编程是正确的？请在对应的圆圈中涂上颜色。

汪汪小队长

作品导语

小狗不仅是我们人类的好朋友，也是尽职尽责的好帮手。在一些农场中，牧羊犬可以帮助农场主人做很多的事情，如驱赶羊群、保护农场动物安全等。本节课将让幼儿了解狗的身体结构和生活习性，巩固齿轮平行和垂直传动以及两点固定结构的知识，并通过编写指令控制小狗尾巴摆动和眼睛旋转。

学习目标

- 知道小狗的身体结构及其喜欢吃的食物。
- 能够与伙伴分享成果，保持情绪稳定。
- 敢于尝试，自己能做的事情不依赖他人。
- 巩固齿轮平行和垂直传动，以及两点固定结构的知识。
- 学会比较数量多少，并能通过编写指令控制小狗尾巴摆动和眼睛旋转。
- 认识到狗是人类的好朋友，增强幼儿保护动物的意识。

主题作品

★ 小狗喜欢吃哪些食物？请在对应的圆圈中涂上颜色。

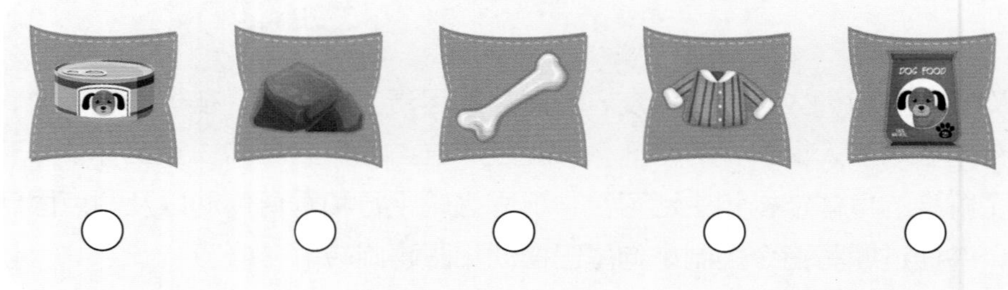

★ 两组天平秤分别放着小狗喜欢吃的食物，观察一下哪组天平秤的食物数量是一样的？

创意搭建

1 搭建参考 腿部和身体

2 搭建参考 尾巴

3 搭建参考 头部和骨头

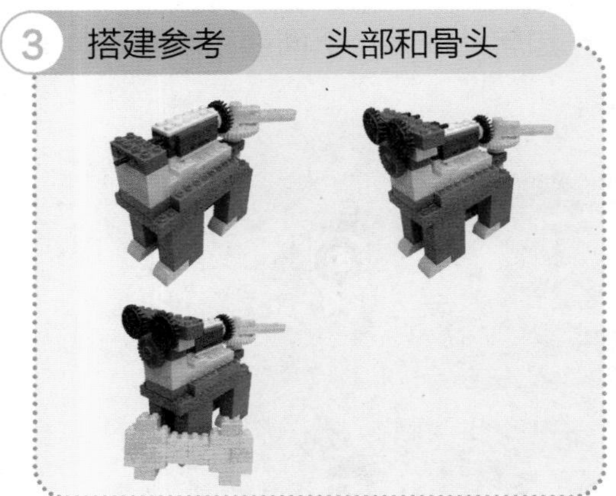

4 编程参考

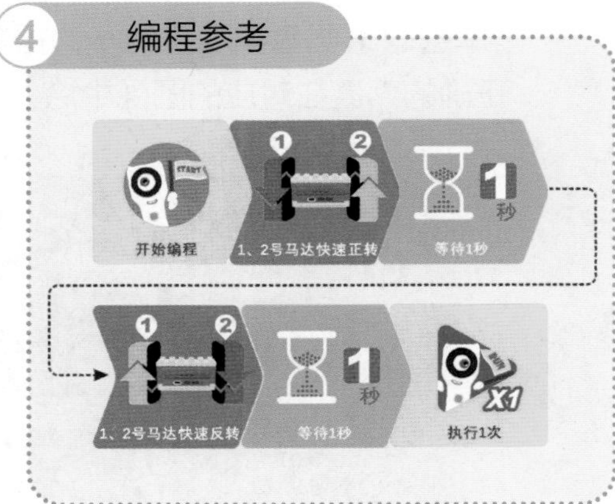

总结与延伸

1. 本作品搭建的难点在于让马达的两个端口分别连接两组齿轮传动结构，实现眼睛和尾巴同时运转；
2. 巩固多齿轮传动和齿轮垂直传动，以及两点固定的搭建方式。

【多选题】为了实现小狗眼睛旋转和尾巴摆动，可使用哪几种齿轮传动方式？请在对应的圆圈中涂上颜色。

【单选题】要想实现小狗一边摇尾巴一边转动眼睛，下面哪组编程是正确的？请在对应的圆圈中涂上颜色。

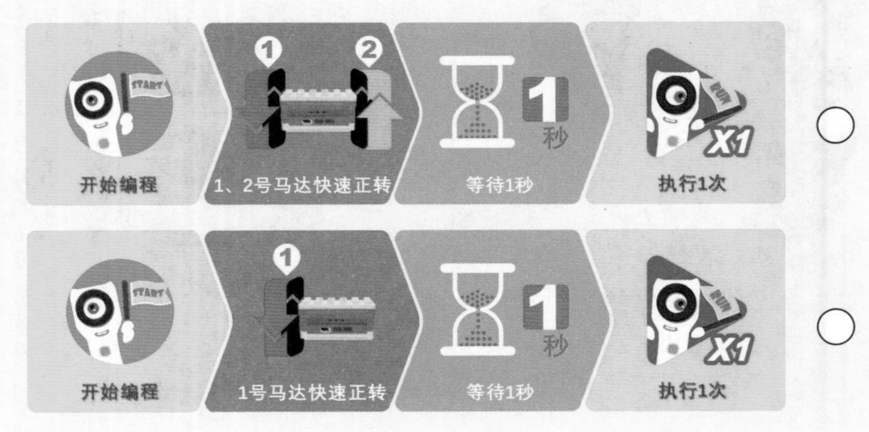

毛毛虫大变身

幼儿总是喜欢美丽的事物，比如自由飞舞的蝴蝶。本节课会引导幼儿了解毛毛虫与蝴蝶的关系，以及毛毛虫到蝴蝶的蜕变过程。同时，引导幼儿搭建毛毛虫和左右对称的蝴蝶，通过齿轮的平行传动和程序的编写，控制蝴蝶朝不同的方向飞行。

- 了解毛毛虫转变为蝴蝶的过程。
- 面对问题不急躁，友好地表达自己的想法。
- 自主设定游戏规则，感受游戏的快乐。
- 探究对称结构，以及多齿轮的平行传动原理。
- 能正确点数 5 以内数字，并进行数字与数量的对应，通过程序控制蝴蝶朝不同的方向飞行。
- 了解蝴蝶的成长过程，激发幼儿对科学探究的兴趣。

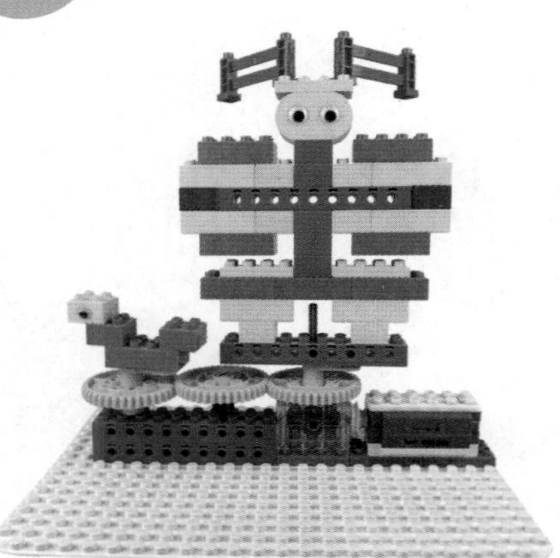

★ 比一比，哪条毛毛虫吃得树叶更多，在括号里填写上正确的数字吧！

（　　）

（　　）

★ 观察一下，下面两幅图至少有 5 处不一样的地方哦！请把它们圈出来吧！

创意搭建

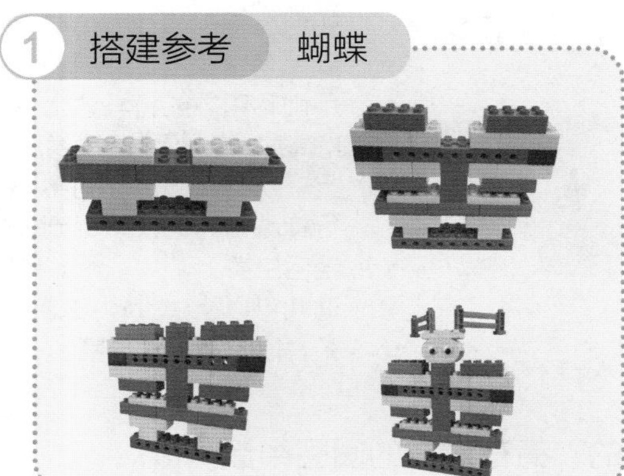

1 搭建参考 蝴蝶

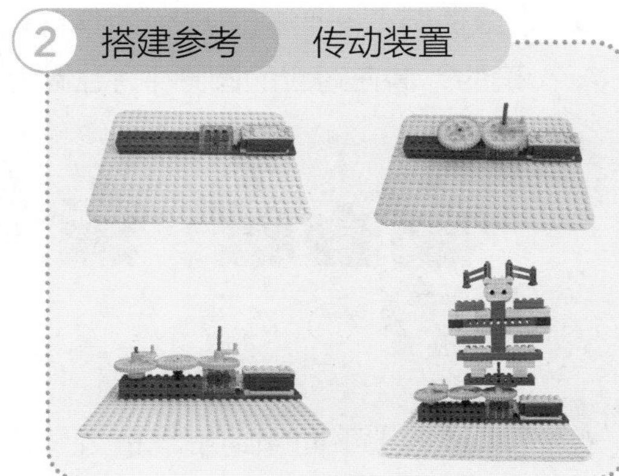

2 搭建参考 传动装置

3 搭建参考 毛毛虫

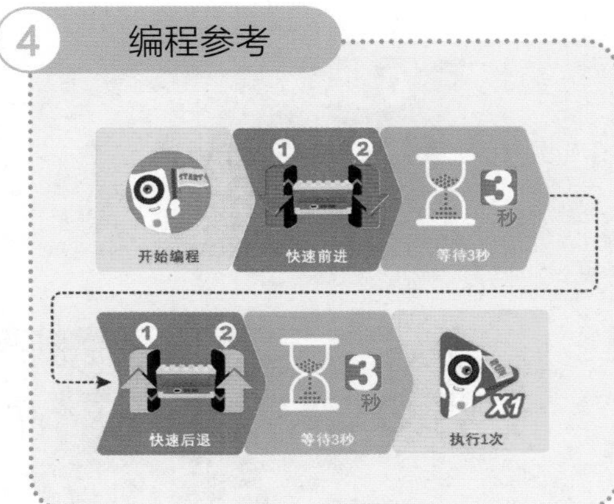

4 编程参考

总结与延伸

1. 本作品搭建的难点在于如何将蝴蝶的动力传导到毛毛虫身上，需要利用齿轮箱才能将马达上的动力传导到蝴蝶身上，然后利用齿轮的平行传动再将动力传导到毛毛虫身上；
2. 幼儿可以搭建大树和花朵，以丰富游戏场景。

★【单选题】图中哪组齿轮的平行传动结构是正确的？请在对应的圆圈中涂上颜色。

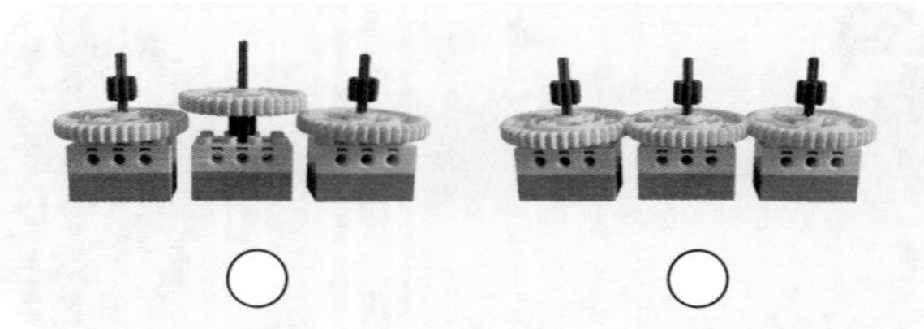

★【单选题】下面哪组编程指令是正确的？请在对应的圆圈中涂上颜色，并说一说为什么。

展翅飞翔

作品导语

鸟儿是人类的好朋友，我们应该教育幼儿培养爱鸟的意识。为什么有的鸟儿会飞，有的鸟儿不会飞？本节课将引导幼儿了解鸟类，知道鸟的种类繁多、它们平常都爱吃些什么，以及鸟儿为什么能飞起来。在建构环节，搭建齿轮的平行传动和连杆结构，并熟练使用马达进行动力传动。幼儿还可以编写不同方向的指令，使小鸟的翅膀来回摆动。

学习目标

- 简单了解鸟的种类及生活习性。
- 勤于思考，遇到困难不放弃。
- 友好地和小伙伴相处，接纳他人的不同想法。
- 巩固齿轮的平行传动结构，以及探究连杆结构的应用。
- 编写控制方向的指令，使小鸟的翅膀可以来回摆动。
- 激发幼儿探索鸟类的愿望和好奇心。

主题作品

☆ 下面有一只小鸟在队伍中站错了位置，请把它圈起来，并说一说为什么是它站错了位置。

☆ 数一数每组小鸟的数量，并把它们与数量相同的虫子连接起来吧！

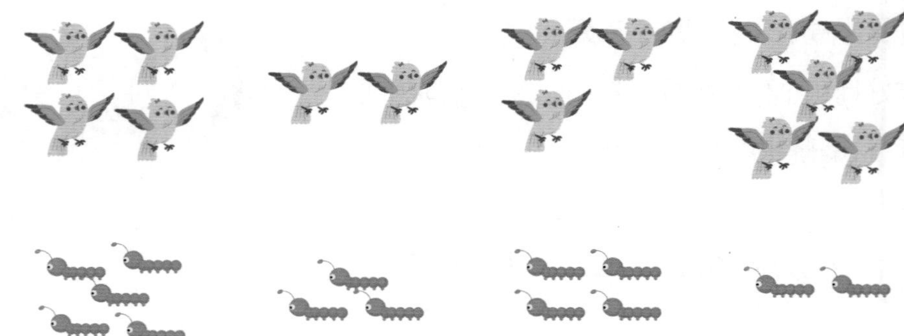

创意搭建

1 搭建参考 动力装置

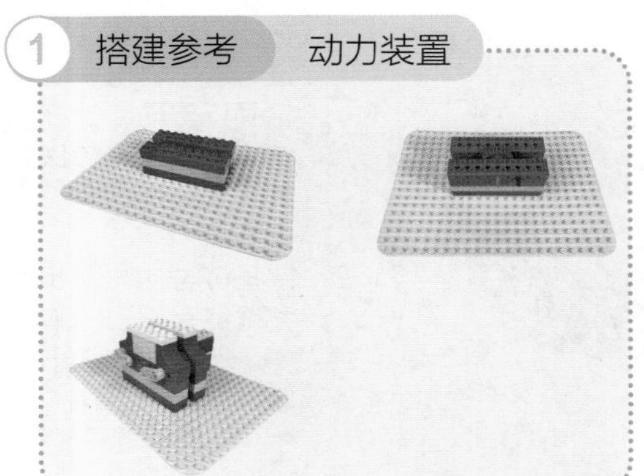

2 搭建参考 小鸟翅膀

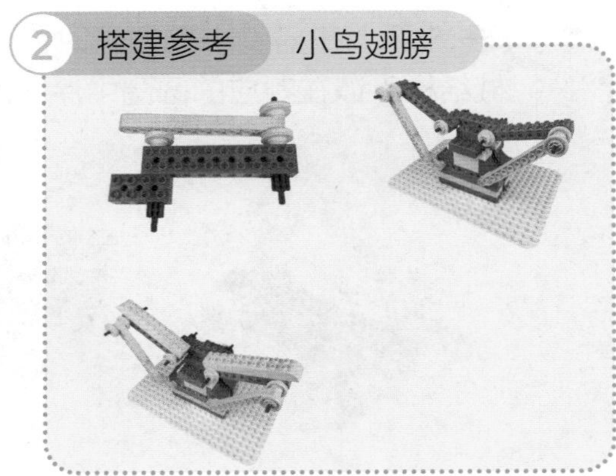

3 搭建参考 小鸟身体

4 编程参考

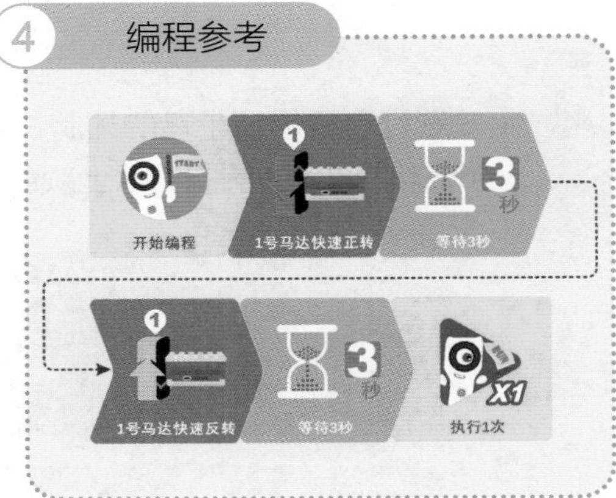

★【多选题】在搭建小鸟翅膀时，使用了哪几个机械结构？请在对应的圆圈中涂上颜色。

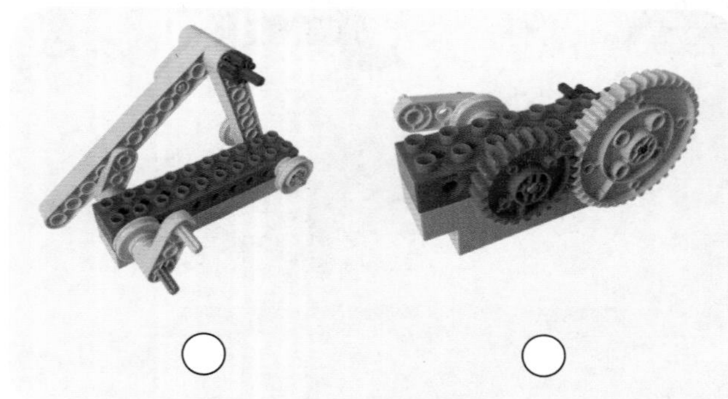

★【单选题】要想让小鸟的翅膀快速摆动，下面哪组编程是正确的？请在对应的圆圈中涂上颜色。

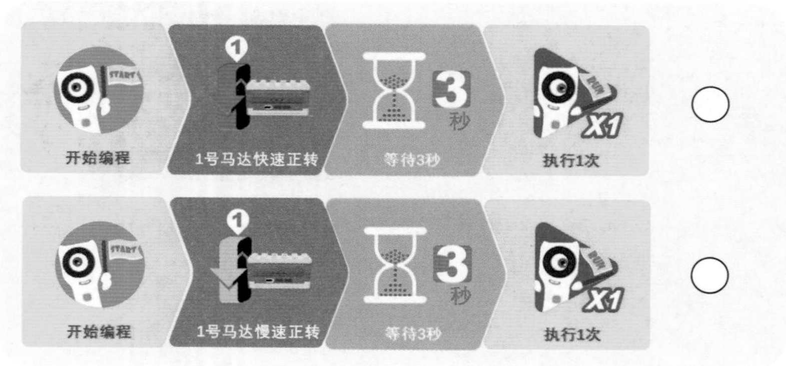

总结与延伸

1. 本作品制作的难点在于小鸟翅膀的搭建，需要利用多齿轮平行传动和连杆结构，并理解和探究两个结构之间的关系；
2. 家长可与幼儿一起尝试编写不同的指令，观察并总结小鸟翅膀的摆动情况。

第六单元：一起做游戏

击球练习

作品导语

冰球也被称为“冰上曲棍球”。这是一项集体冰上运动项目，也是冬季奥运会正式比赛项目。如今，越来越多的人爱上了冰球这项运动，因为它的速度、技巧、力量或战术和其他球类都大不相同。本节课将带领幼儿认识冰球运动，并运用齿轮传动等机械原理搭建模型，让幼儿通过编程控制机器人完成击球任务。

学习目标

- 了解冰球运动的相关规则和队员组成等信息。
- 情绪积极稳定，能够进行自我行为管控。
- 自主设计游戏规则，积极融入小伙伴。
- 探究齿轮的垂直传动和多种固定方式。
- 通过编程，能够自主辨别方向，探究合适的转速以控制机器人完成击球任务。
- 培养耐心，学会看准时机再执行。

主题作品

★ 下面每队分别有一名球员站错队伍了，请你找一找，把他圈出来吧！

★ 请数一下每队分别出场几人，以及两队总共出场多少人？

创意搭建

1 搭建参考 球员

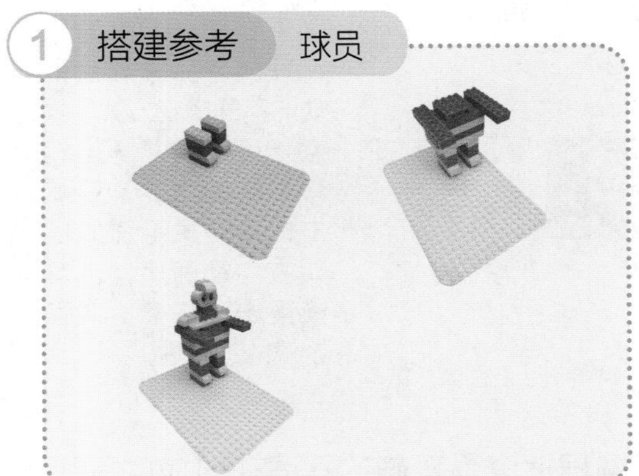

2 搭建参考 球杆

3 搭建参考 冰球场

4 编程参考

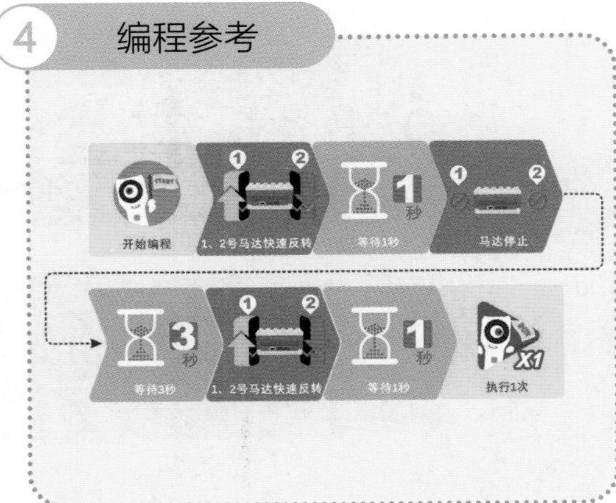

★【单选题】下面哪个齿轮垂直传动结构是正确的呢？请在对应的圆圈中涂上颜色。

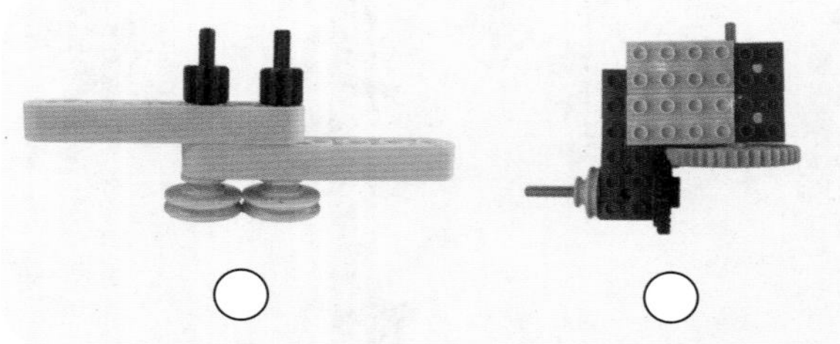

总结与延伸

1. 本作品搭建的难点在于需要通过垂直传动结构控制击球运动员的手臂摆动，需要幼儿理解并探究垂直传动的不同搭建方式；
2. 家长可与幼儿一起编写不同的指令，观察击球运动员手臂的摆动方向及速度，也可设置击球任务，增强游戏的趣味性。

★【单选题】要让马达停止，下面哪组编程指令是正确的？请在对应的圆圈中涂上颜色。

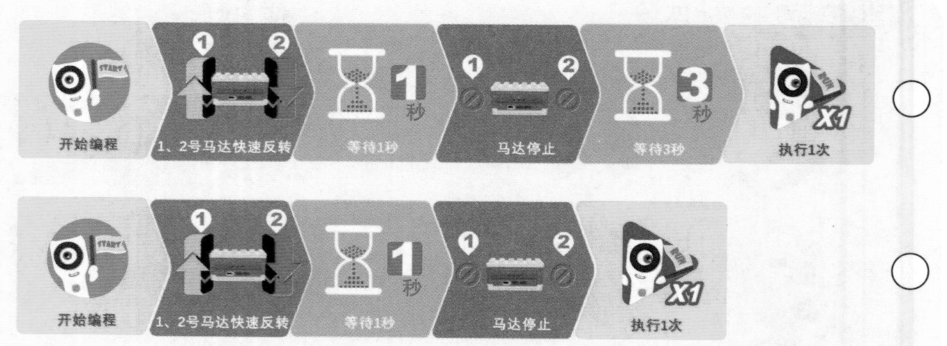

划船比赛

作品导语

赛艇作为最古老的传统运动之一，起源于英国。本节课将引导幼儿了解划船比赛的着装、规则，学习直线和曲线的概念，了解船体的形状，并学会熟练使用连杆结构搭建船桨。通过编程，让参赛选手变换不同的划船动作与方向。

学习目标

- 了解划船比赛的相关规则，探究船体结构。
- 遇到问题不急躁，耐心解决。
- 学会自主设定游戏规则。
- 巩固连杆结构的应用。
- 辨别马达的运转方向，灵活使用时间卡片进行秒数叠加。
- 培养耐心，学会看准时机再执行。

主题作品

★ 两艘小船同时出发，谁会先到达终点？

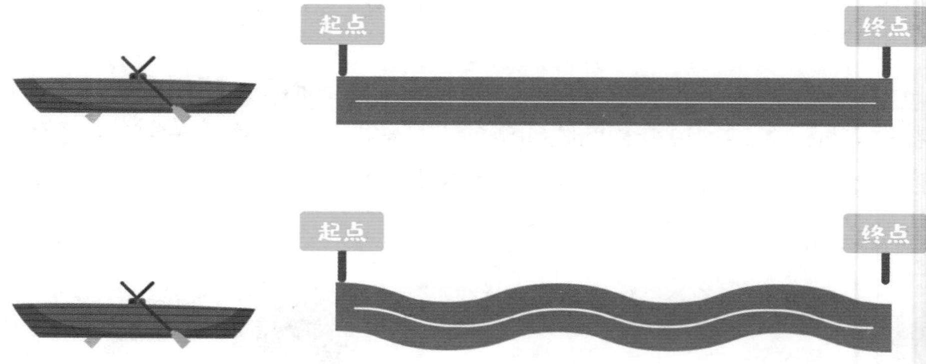

★ 观察小船由哪些图形组成，在工具栏中把对应的图形圈起来吧！

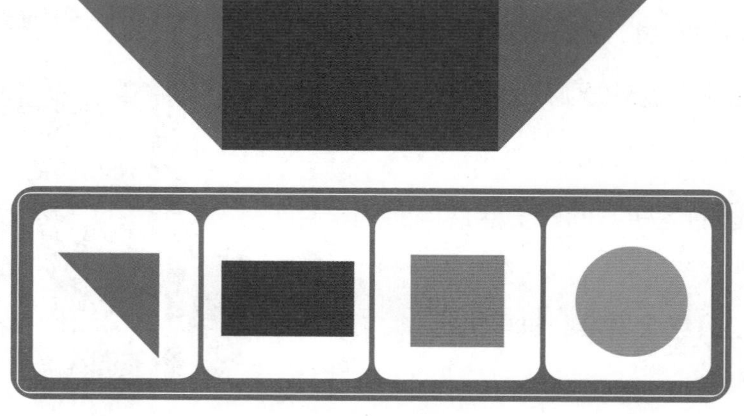

创意搭建

1 搭建参考 船体

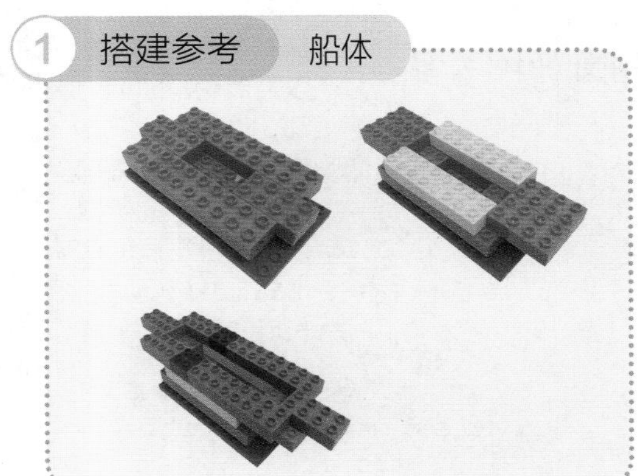

2 搭建参考 参赛选手和船桨 1

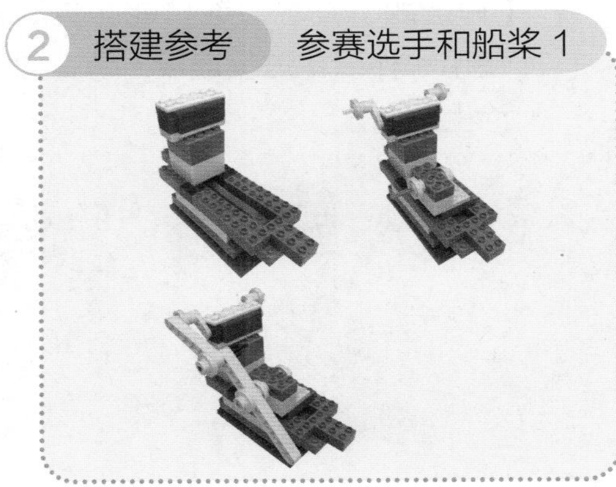

3 搭建参考 参赛选手和船桨 2

4 编程参考

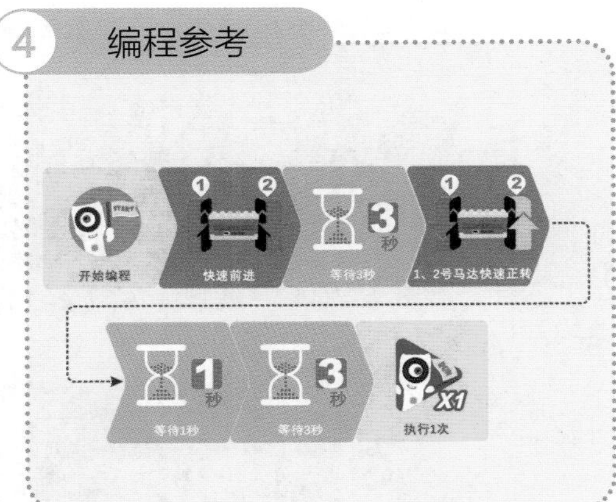

★【单选题】要想让连杆能够灵活运动，需要使用哪种积木进行连接？请在对应的圆圈中涂上颜色。

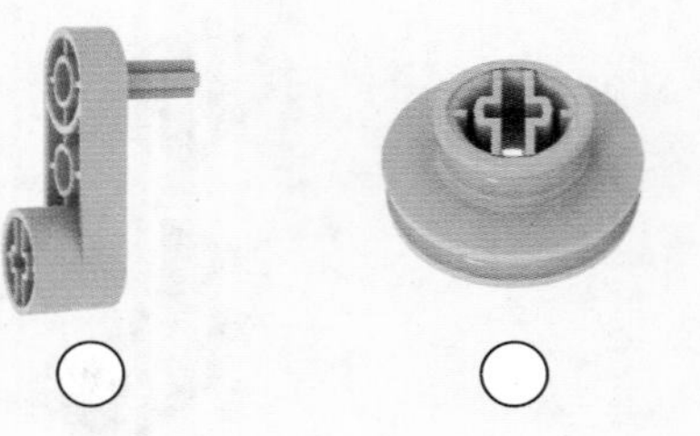

○ ○

总结与延伸

1. 本作品制作的难点在于连杆结构的搭建，探究不同的连接方式以及滑轮与曲柄的区别；
2. 幼儿可以通过编程控制参赛选手的手臂，使其变换不同的摆动形式，并感受时间延长后的效果。

★【单选题】要想让参赛选手的两个手臂往不同方向运行，下面哪组编程是正确的？请在对应的圆圈中涂上颜色。

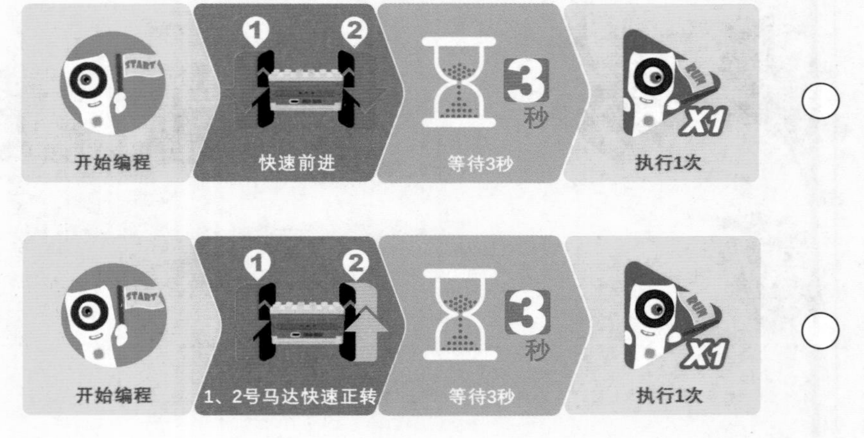

○ ○

太空大作战

作品导语

太空是幼儿感兴趣的话题，太空对于他们来说很神秘。这节课幼儿将跟随故事中的主角到太空中寻找火星。但是，太空中有很多星球和陨石，他们开飞船的技术不是太好，这就需要幼儿给飞船编写指令，帮助主角躲避陨石，到达火星。

学习目标

- 发挥想象力，创造宇宙场景。
- 遇到问题不急躁，耐心解决。
- 学会自主设定游戏规则。
- 巩固齿轮传动和两点固定结构。
- 学会路径规划，探究陨石运行速度。
- 激发幼儿对太空探索的欲望。

主题作品

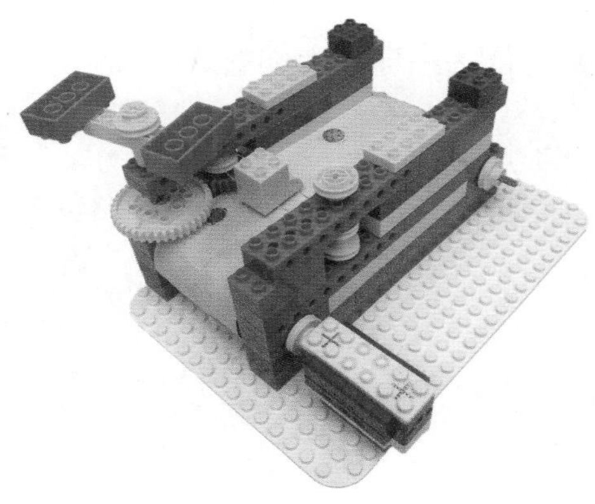

请画出 2 条飞船到达星球的路线。在飞船要经过的格子内分别画上“○”和“△”吧!

请给星球涂上你喜欢的颜色吧!

第六单元:一起做游戏

1 搭建参考 太空场景

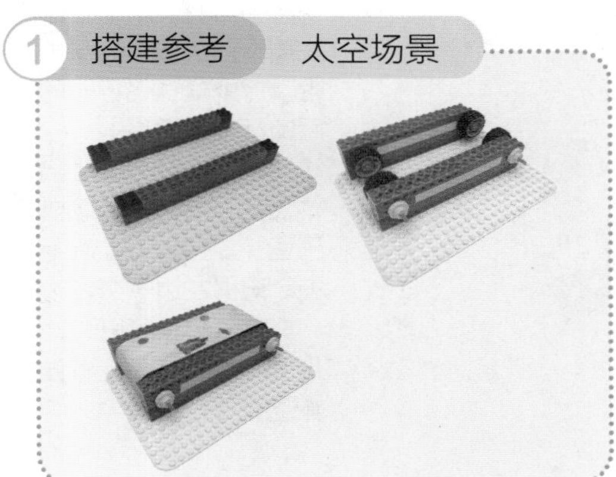

2 搭建参考 飞船 1

3 搭建参考 飞船 2

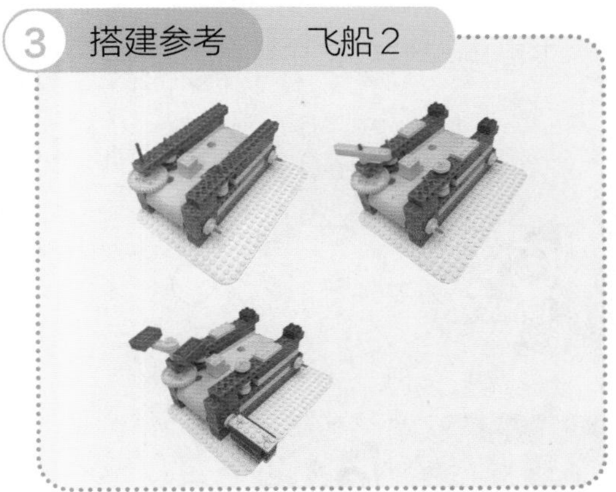

4 编程参考

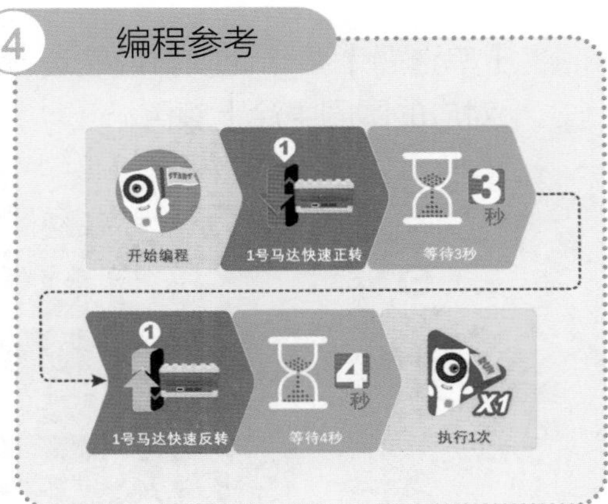

★【单选题】应该使用哪种结构固定飞船呢？请在对应的圆圈中涂上颜色。

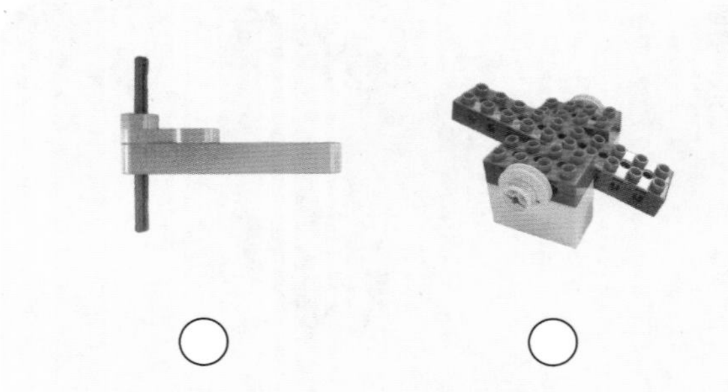

○ ○

总结与延伸

1. 本作品搭建的难点在于齿轮的平行传动以及太空场景的拼装，让幼儿能够自主设定任务内容，探究延长飞行时间后的运行效果；
2. 幼儿可以将贴纸贴到“太空”上，也可以自己画完之后再粘贴上去。记得左边一个右边一个哦！家长可以和幼儿进行游戏互动，看谁躲避的陨石更多。

★【单选题】要想让陨石快速运行 5 秒，下面哪组编程是正确的？请在对应的圆圈中涂上颜色。

投篮高手

幼儿大多喜欢运动，4 岁也是他们精力十分旺盛的时期，并且他们的运动机能也在逐渐发展。本节课将带领幼儿了解生活中常见的运动项目——打篮球。探究篮筐的运行速度，并灵活使用时间卡片进行秒数叠加。

- 了解篮球架的结构组成和用途。
- 根据自己的兴趣设计游戏活动，感受游戏带来的乐趣。
- 自主制定游戏规则，并承担一些小任务。
- 探究凸轮的不同搭建方式，了解凸轮的作用。
- 完成物品分类，探究篮筐的运行速度，并灵活使用时间卡片进行秒数叠加。
- 了解适当的运动对身体是有好处的。

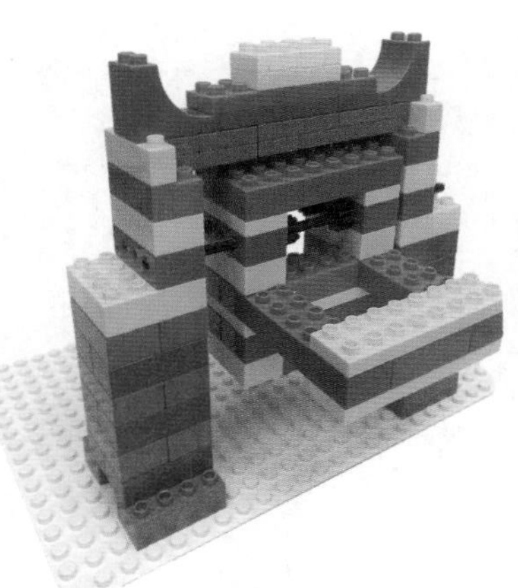

★ 根据架子上的玩具类别，将右侧玩具上的数字填写到对应的货架层中吧！

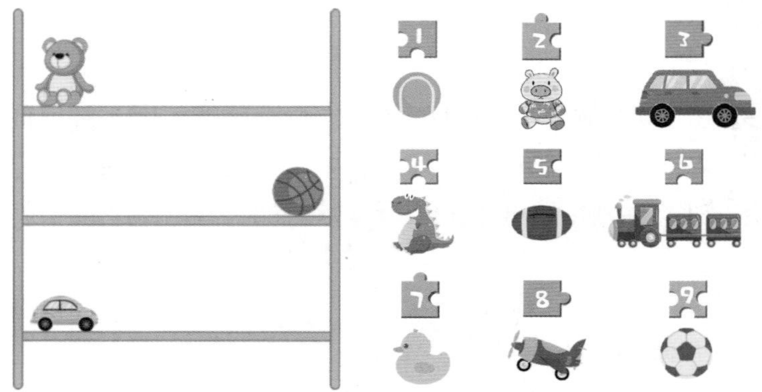

★ 把工具栏中的图案连接到对应的位置，使它成为一张完整的图。

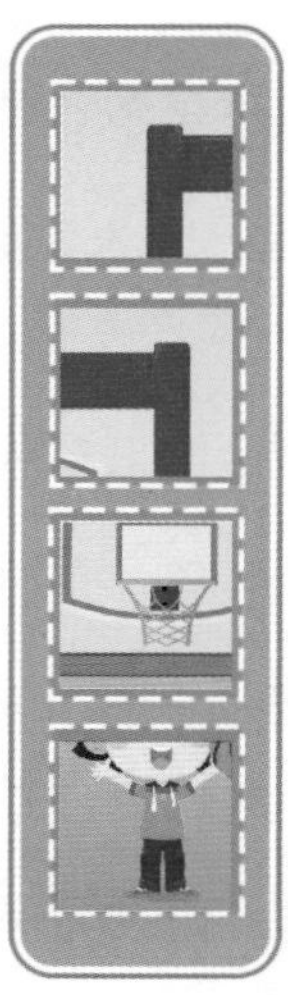

创意搭建

1 搭建参考 支架

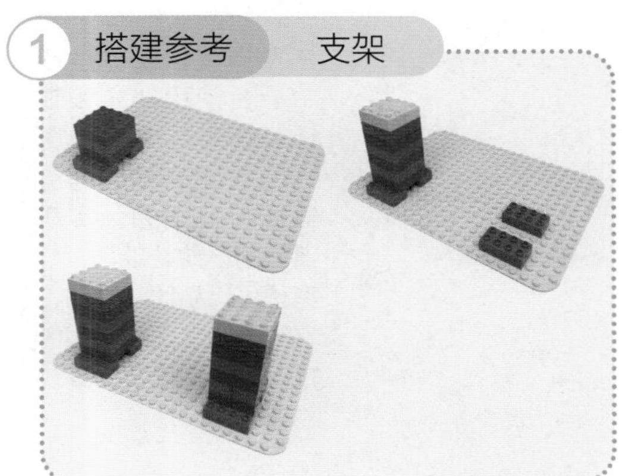

2 搭建参考 篮板和篮筐

3 搭建参考 移动装置

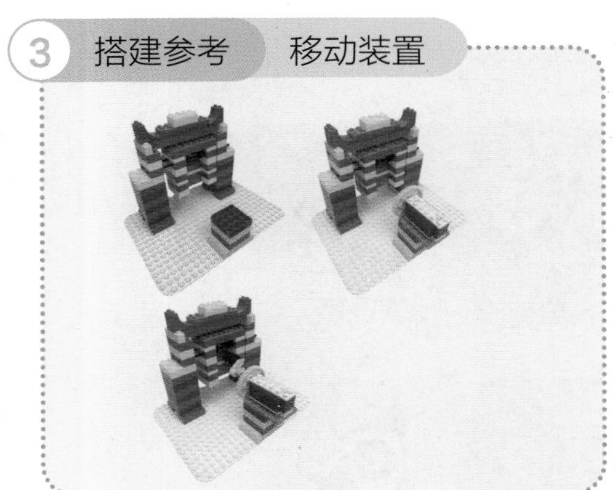

4 编程参考

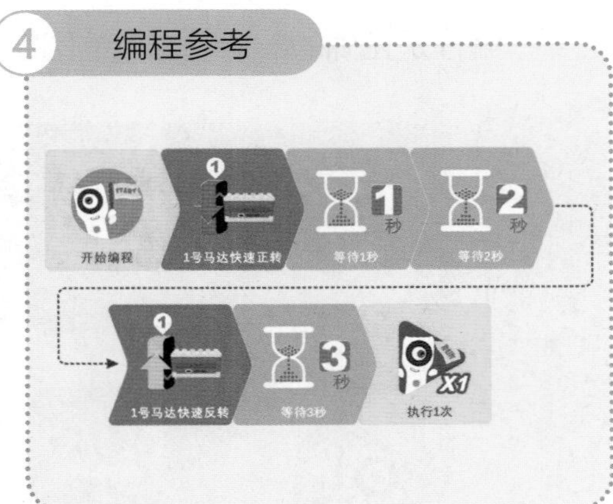

★【多选题】搭建传动装置使用了哪些主要积木？请在对应的圆圈中涂上颜色。

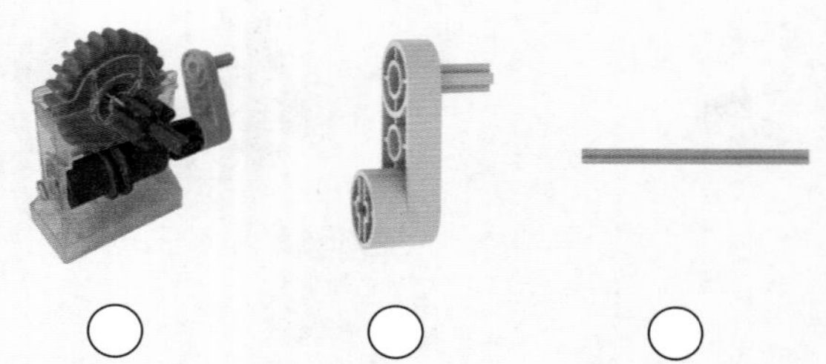

★【单选题】要想让传动装置快速正转 3 秒，下面哪组编程是正确的？请在对应的圆圈中涂上颜色。

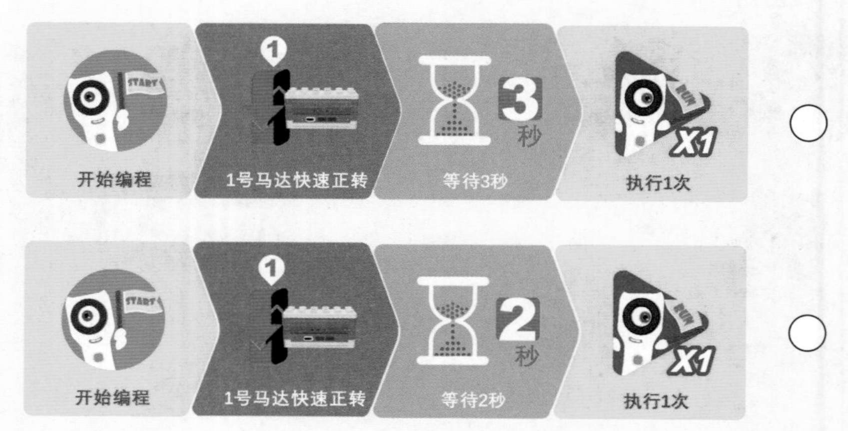

总结与延伸

1. 本作品搭建的难点在于篮筐的构建，需要幼儿在搭建篮筐的过程中配合使用孔梁和轴让篮筐实现左右移动，同时搭建凸轮结构给篮筐传导动力，实现篮筐的移动效果；
2. 家长可以和幼儿互动，看看谁在规定的时间内投入的篮球数量更多。

趣味打地鼠

作品导语

幼儿动作发展的主要目标是动作协调、灵敏，并具有一定的力量与耐力。然而，幼儿的下肢力量普遍较薄弱。下蹲运动能很好锻炼幼儿的腿部力量，既简单又便于操作。但单纯的下蹲较为枯燥，无法使幼儿产生较大的兴趣。因此，本节课会以游戏为引导，让幼儿在游戏中体验下蹲的乐趣，在锻炼腿部肌肉的同时，发展动作的协调性和灵敏性。通过编写程序使地鼠上下运动，感受凸轮结构有规律的画圆运动。

学习目标

- ★ 发挥想象力，搭建打地鼠的游戏场景。
- ★ 感受游戏乐趣，积极参与活动。
- ★ 了解打地鼠的游戏规则。
- ★ 巩固对多齿轮传动和凸轮结构的理解。
- ★ 通过编程设置地鼠的运行状态，探究时间指令的编写。
- ★ 在游戏中体验与同伴互动的乐趣，坚持友谊第一，比赛第二的原则。

主题作品

★ 图中有几只地鼠呢？请把与它们数量对应的数字圈起来。

1	2	3	4	5	6

★ 下面两幅图中有 5 处不同的地方，请把它们圈出来，并说出具体哪里不一样。

创意搭建

1 搭建参考 传动装置

2 搭建参考 地洞

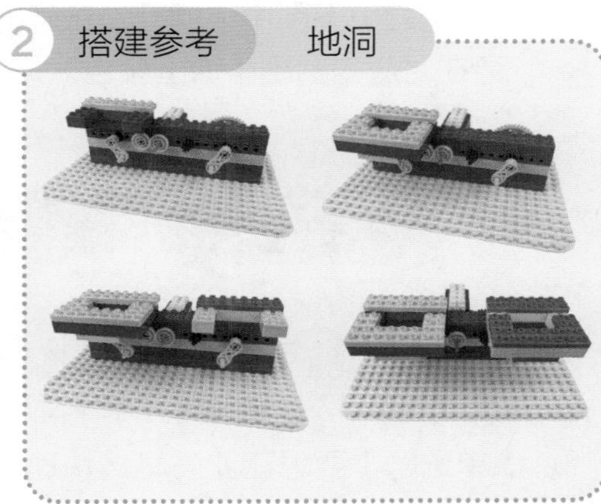

3 搭建参考 地鼠和锤子

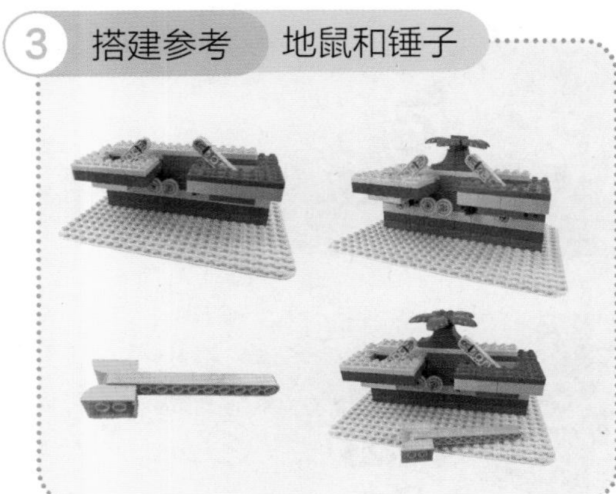

4 编程参考

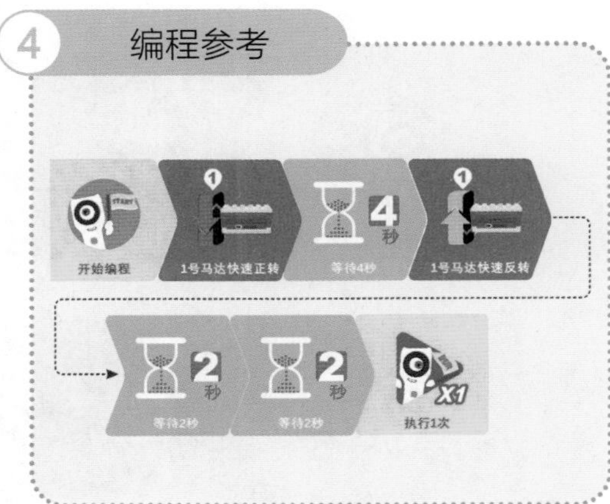

★【单选题】下图中，哪组是正确的多齿轮传动？请在对应的圆圈中涂上颜色。

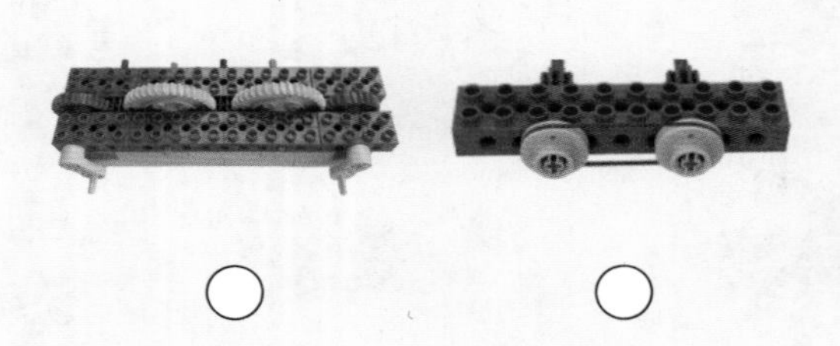

★【单选题】要想让 1 号马达快速正转 3 秒，下面哪组编程是正确的？请在对应的圆圈中涂上颜色。

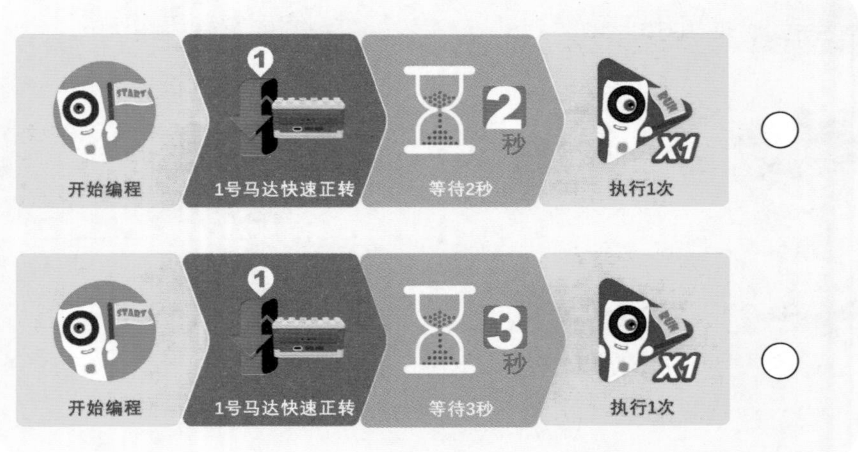

总结与延伸

1. 本作品制作的难点在于多齿轮平行传动和凸轮结构的搭建，以确保地鼠可以在指定区域内往复运动；
2. 家长可以与幼儿一起进行打地鼠游戏，通过编程设置地鼠的运行方向、时长与运行速度。

大富翁推币机

这节课将带领幼儿体验有趣的推币机，探究它的工作原理和基本结构组成，巩固往复结构，并学习如何用往复结构搭建出推币装置，以此发展幼儿的空间感。同时，通过编程设置推币机的运行状态，探究 5 秒时长指令的编写。

- 简单了解推币机的结构组成和玩法。
- 培养耐心，遇事不急躁。
- 自主制定游戏规则，并承担一些小任务。
- 巩固齿轮垂直传动和往复结构，灵活应用相关器材。
- 学会辨别方位，并通过编程设置推币机的运行状态，探究 5 秒时长指令的编写。
- 体验游戏乐趣，能够与小伙伴创造多种游戏方式。

★ 请把和金币数量一样的数字连接起来吧！

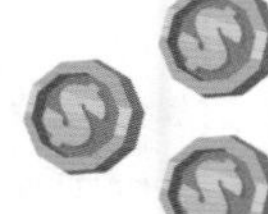

★ 在吃草比赛中，根据剩余草料的多少，判断谁吃得最多？请在“ ◌ ”中画一个金币奖励给它。

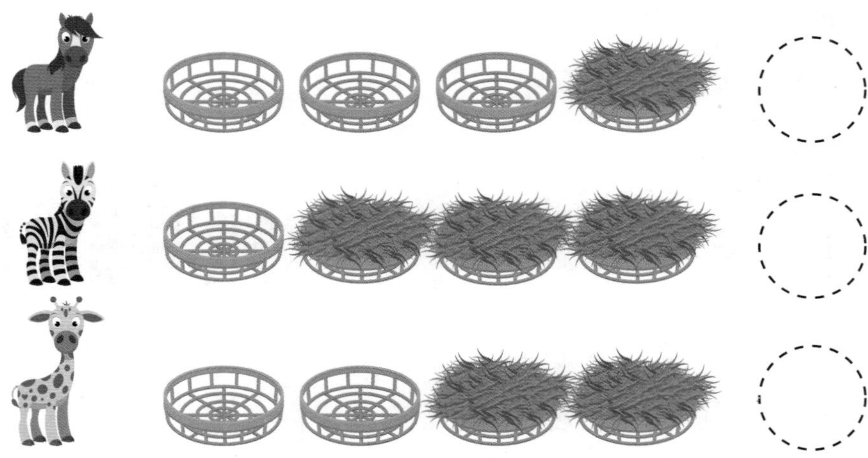

创意搭建

1 搭建参考 推币装置

2 搭建参考 存币区

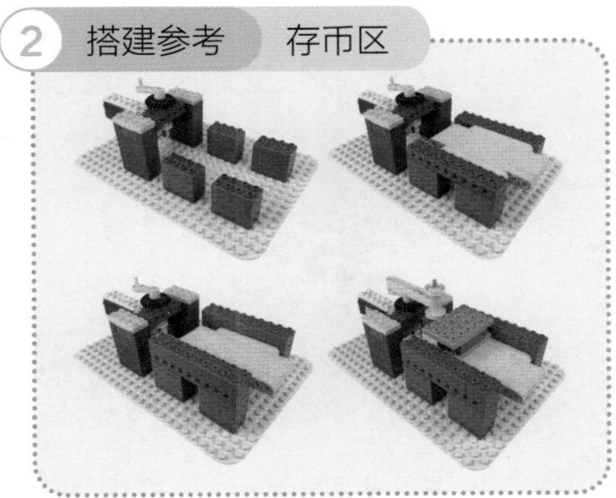

3 搭建参考 投币口和出币口

4 编程参考

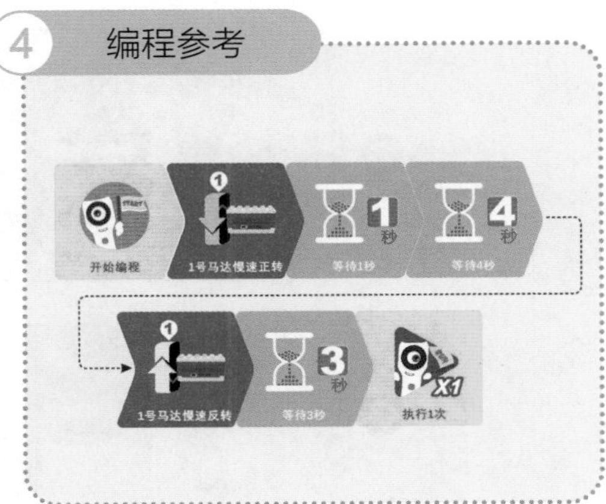

★【单选题】下图中，哪个是正确的齿轮垂直传动结构？请在对应的圆圈中涂上颜色。

○ ○

★【单选题】要想让推币机慢速运行 3 秒，下面哪组编程是正确的？请在对应的圆圈中涂上颜色。

○

○

总结与延伸

1. 本作品搭建的难点在于建构布局的合理性，以及对于齿轮垂直传动和往复结构的巩固与应用；
2. 家长可与幼儿一起进行推币机游戏，通过编程设置推币机的运行方向、时长与运行速度。

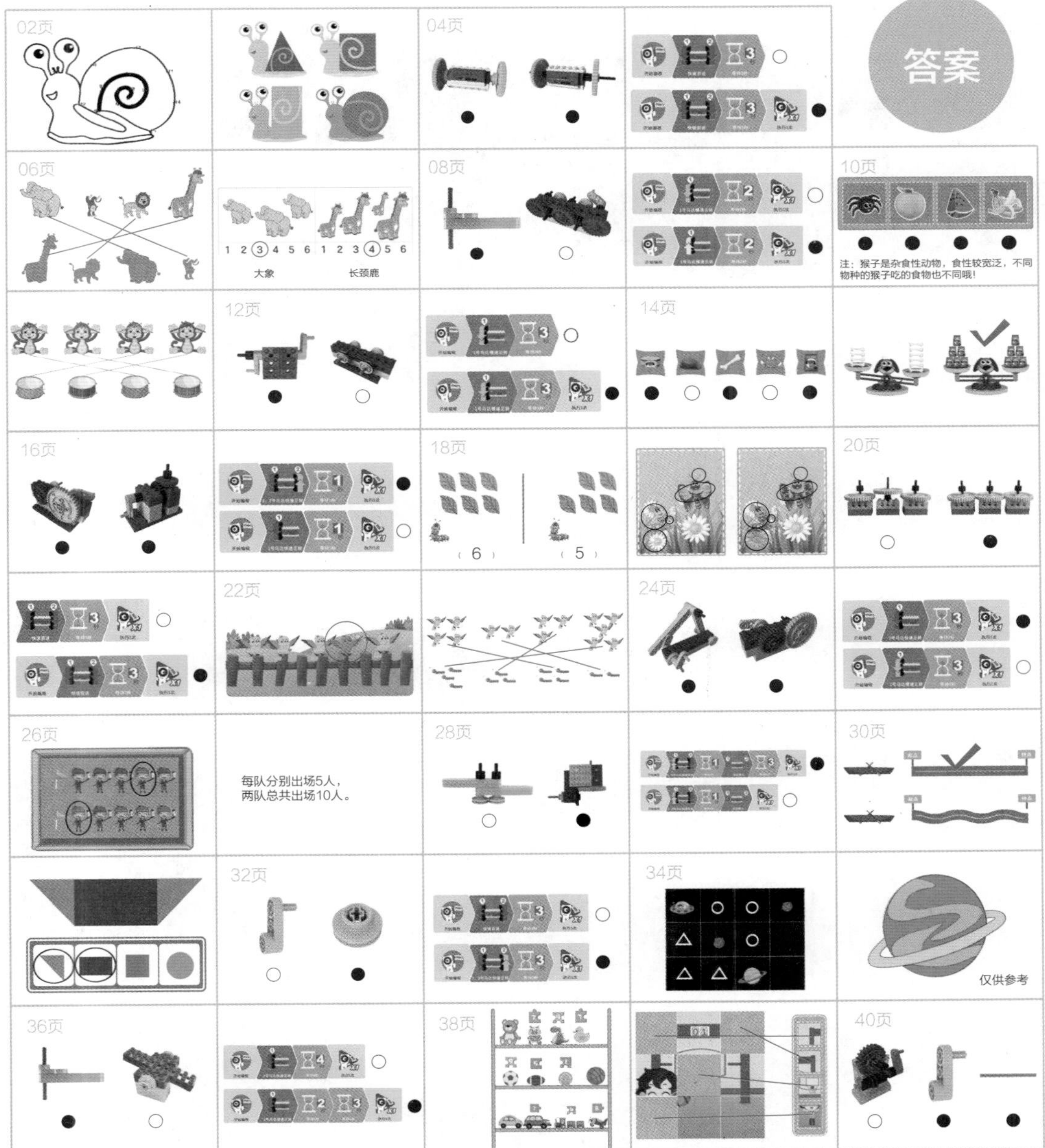
答案
02页
04页
06页
1 2 3 4 5 6 1 2 3 4 5 6
大象
长颈鹿
08页
10页
注：猴子是杂食性动物，食性较宽泛，不同物种的猴子吃的食物也不同哦！
12页
14页
16页
18页
（ 6 ）
（ 5 ）
20页
22页
24页
26页
每队分别出场5人，
两队总共出场10人。
28页
30页
32页
34页
仅供参考
36页
38页
40页

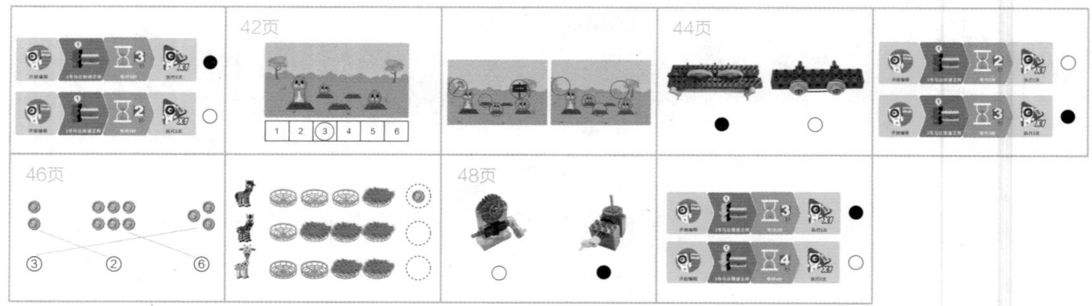
42页
44页
46页
48页

搭建原理

互锁结构

此结构是最常用的结构之一，使用砌墙一样的方法，把上下两层的积木错开垒放，使搭建的结构更加牢固。

平面互锁

转角式立体互锁

立体互锁（内缩式）

立体互锁（外扩式）

两点固定

此结构通过两个滑轮或者一个曲柄实现两点固定。当转动轴时，黄梁结构会跟随旋转。

杆加长

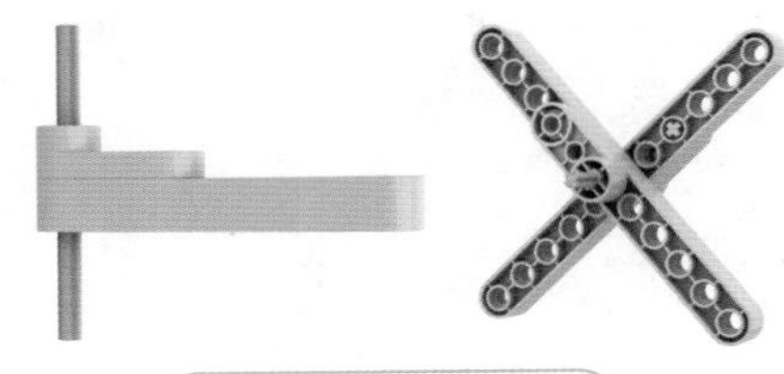

轴杆固定

杠杆结构

通过支点，实现省力、改变方向等传动效果，多用于跷跷板或者能开合的结构。

跷跷板结构

杠杆结构

形状认知

感受不同形状的特性，借助积木增强对形状的认识。

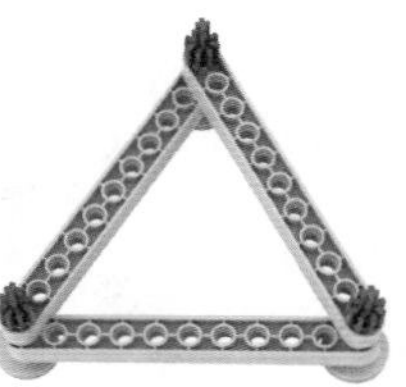

三角形（具有稳定性）

四边形（不具有稳定性）

合页结构

轴与孔形成合页结构，实现绕轴运动或摆动的状态，可应用于门的搭建。

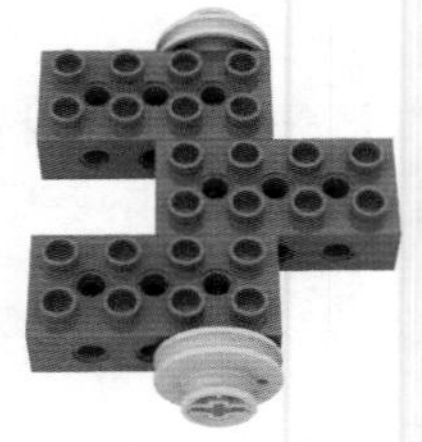

滑轮合页

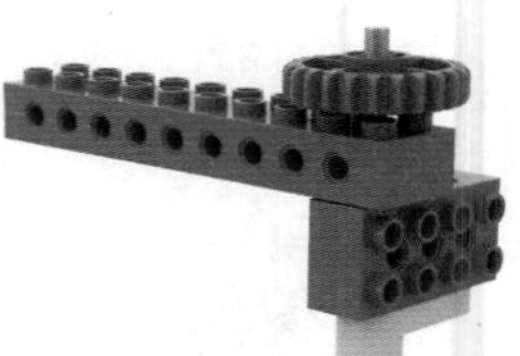

曲柄合页

汉堡包结构

通过汉堡包结构可让黄梁或者孔梁垂直立于桌面，探究积木的两点固定位置，可应用于支架的搭建。

随轴/绕轴旋转

此结构通过借助外力的作用，绕轴心进行旋转运动。

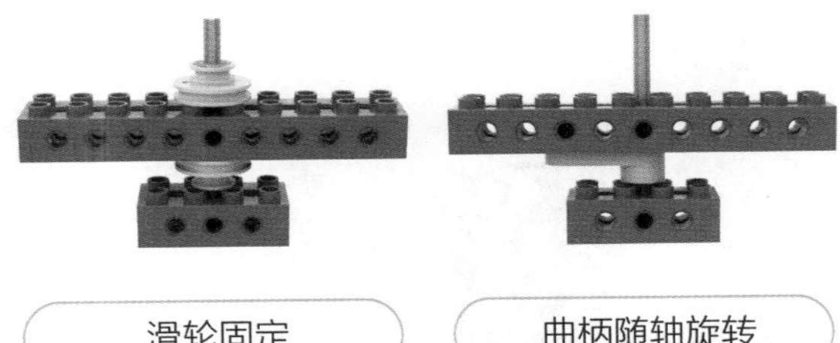

滑轮固定　　曲柄随轴旋转

皮带传动

将皮带固定于滑轮上，以此来传递动力。不同的放置效果会带来不同传动状态。

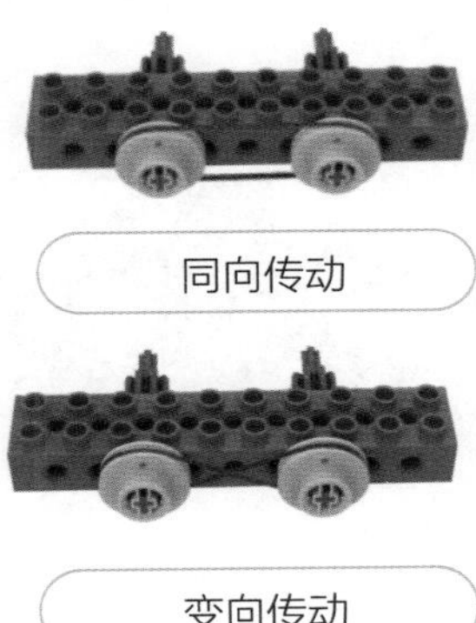

同向传动

变向传动

凸轮结构

这是一种用来实现周期性运动的结构，主要通过两点一线的原理将曲柄固定到齿轮上。

利用齿轮

棘轮结构

利用齿轮和其他积木实现依靠卡位结构进行单向旋转或反向锁死的运动效果。

棘轮棘爪结构

索传动

依靠滑轮和绳索钩子实现提升、拖拉等运动，常应用于电梯或者索道等。

滑轮+吊钩组合

连杆结构

连杆结构是应用比较广泛的结构，但也较为复杂，主要用于实现多种形式的摆动或者移动。

利用曲柄带动黄梁进行连杆运动

利用曲柄带动红梁进行连杆运动

齿轮做曲柄

齿轮传动

利用蜗轮或齿轮可以改变物体运动方向。蜗轮蜗杆传动不仅能改变物体运动方向，还有自锁的功能。

蜗轮蜗杆传动　　齿轮垂直传动

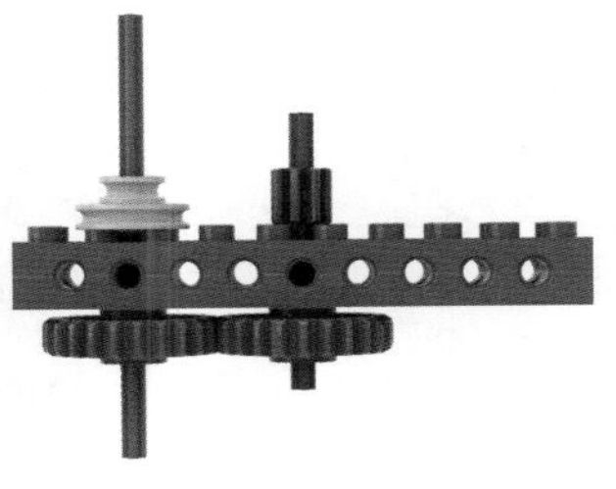

齿轮平行传动（常见）

齿轮平行传动（惰轮）

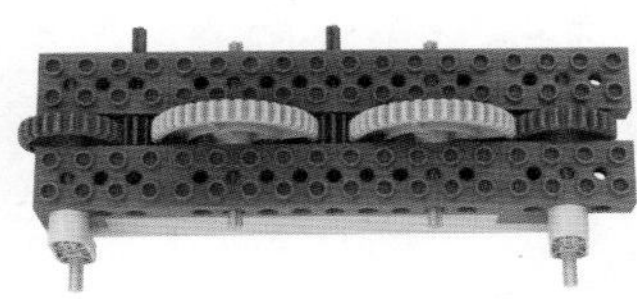

齿轮平行传动（多齿轮）

齿轮加减速

利用多齿轮进行传动，当大齿轮带动小齿轮时可实现加速运动；相反，当小齿轮带动大齿轮时可实现减速运动。

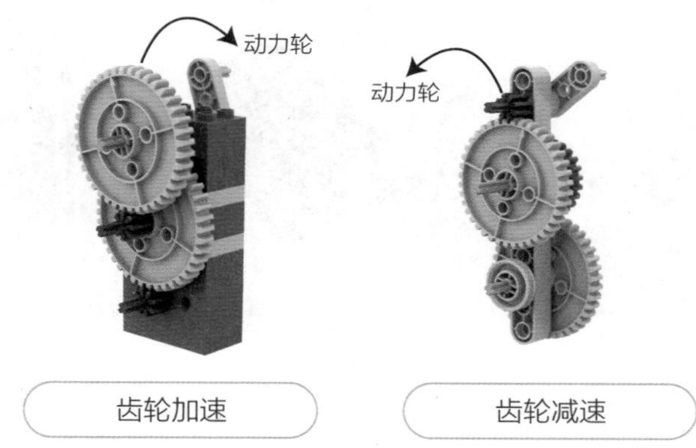

齿轮加速　　齿轮减速

和机器人一起学编程

大颗粒电子积木一级 

盛通教育研究院 编著

清華大学出版社

北 京

图书在版编目（CIP）数据

和机器人一起学编程：大颗粒电子积木一级 / 盛通教育研究院编著.— 北京：清华大学出版社，2024.12

ISBN 978-7-302-63261-0

Ⅰ.①和…　Ⅱ.①盛…　Ⅲ.①程序设计－少年读物　Ⅳ.①TP311.1-49

中国国家版本馆CIP数据核字（2023）第058774号

责任编辑：肖　路
封面设计：北京乐博乐博教育科技有限公司
责任校对：欧　洋
责任印制：杨　艳

出版发行：清华大学出版社
网　　址：https://www.tup.com.cn, https://www.wqxuetang.com
地　　址：北京清华大学学研大厦A座　　**邮　　编：**100084
社 总 机：010-83470000　　**邮　　购：**010-62786544
投稿与读者服务：010-62776969, c-service@tup.tsinghua.edu.cn
质量反馈：010-62772015, zhiliang@tup.tsinghua.edu.cn
印 装 者：北京盛通印刷股份有限公司
经　　销：全国新华书店
开　　本：185mm × 200mm　　**印　　张：**12.8　　**字　　数：**195千字
版　　次：2024年12月第1版　　**印　　次：**2024年12月第1次印刷
定　　价：150.00元（全四册）

产品编号：095644-01

注意事项及使用说明

注意事项

1 积木很坚硬，请不要将积木放入口中或者咬积木。

2 不可以乱扔积木，被积木硌到会很痛的。

3 请不要把积木放到水里或者火边。

4 请小心积木尖锐的部位，切勿向他人挥动或投掷积木。

5 请勿拆解电子积木，要在家长或教师的看护下进行组装和操作。

6 每次积木使用完后记得分类整理，便于下次使用。

7 配合充电线给电池充电，在每次搭建前完成充电工作。

使用说明

1 在使用本书时，需要家长协助和引导，幼儿年龄越小，家长参与度越高哦！

2 在“作品导语”和“学习目标”环节，明确了主题内容及幼儿的学习目标。

3 在“思考一下”及“拓展游戏”环节，知识点以游戏的方式展开，旨在发展幼儿的思维，同时巩固编程知识点和搭建方法。

4 在搭建过程中，不需要按照搭建步骤图搭建出一模一样的模型。在搭建中多引导幼儿发挥想象，享受搭建的过程。

5 搭建过程中幼儿会遇到各种困难，家长需耐心指引，引导幼儿探索问题。

常用积木

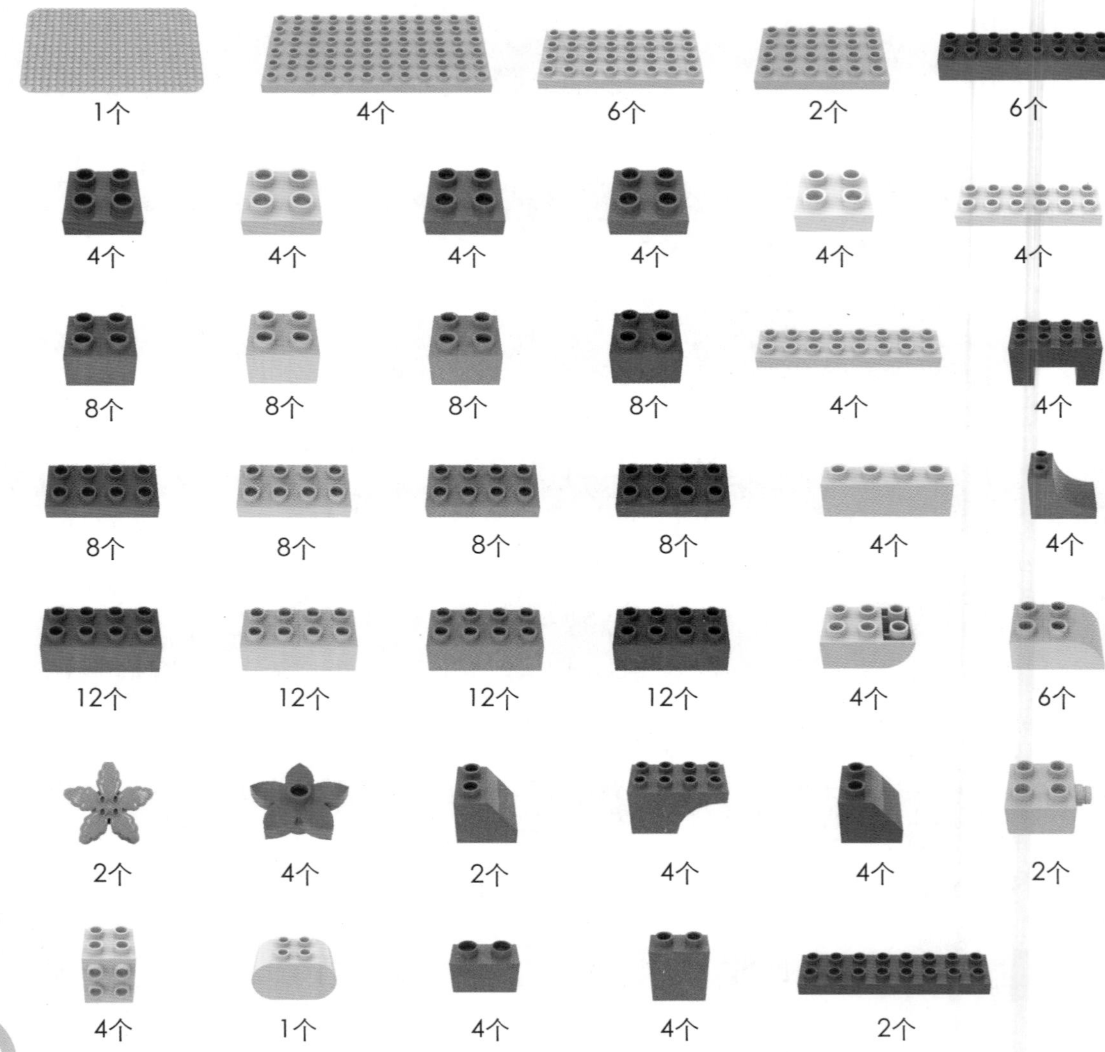
1个
4个
6个
2个
6个
4个
4个
4个
4个
4个
4个
8个
8个
8个
8个
4个
4个
8个
8个
8个
8个
4个
4个
12个
12个
12个
12个
4个
6个
2个
4个
2个
4个
4个
2个
4个
1个
4个
4个
2个

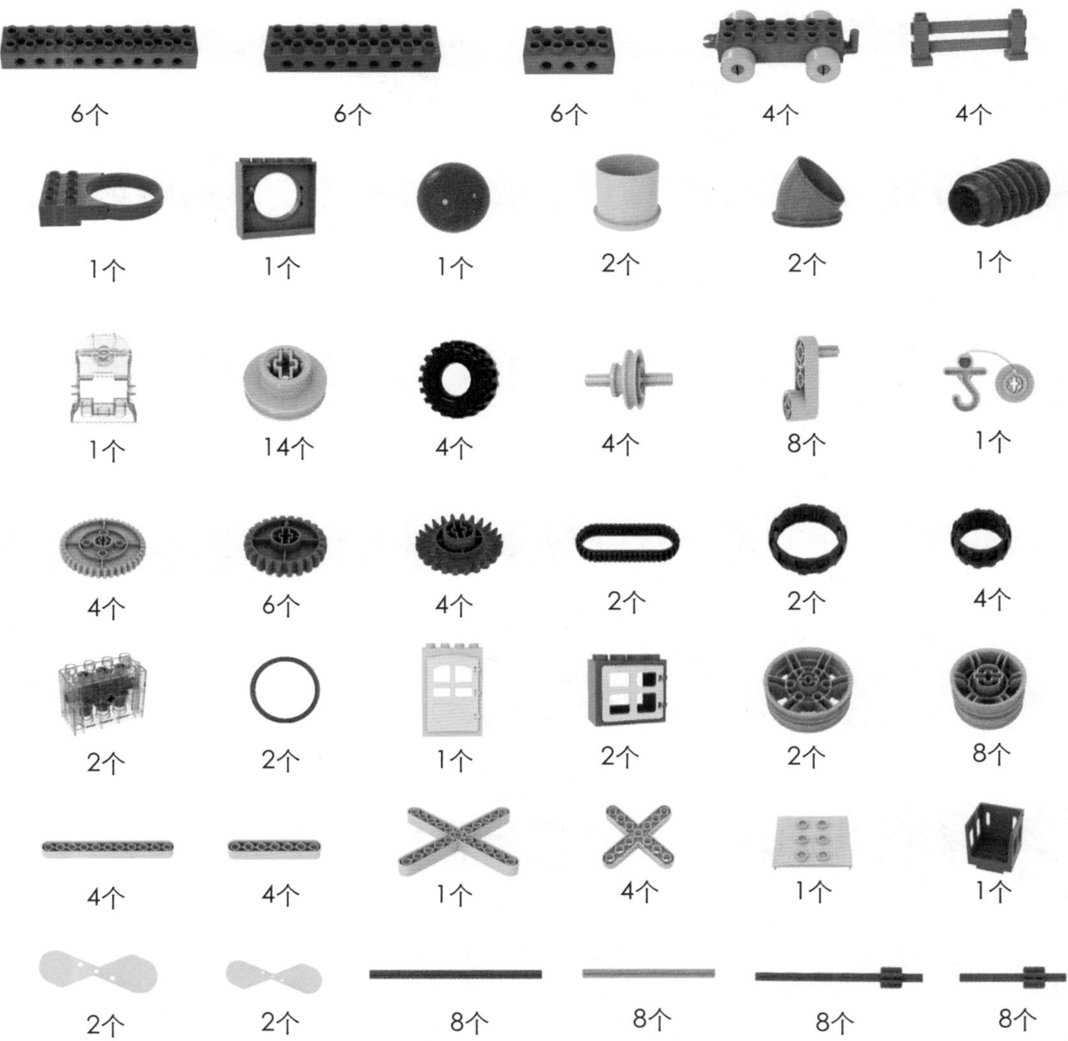
6个
6个
6个
4个
4个
1个
1个
1个
2个
2个
1个
1个
14个
4个
4个
8个
1个
4个
6个
4个
2个
2个
4个
2个
2个
1个
2个
2个
8个
4个
4个
1个
4个
1个
1个
2个
2个
8个
8个
8个
8个

电子积木

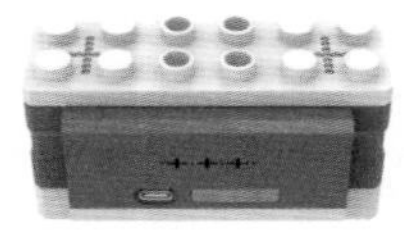
无线幼教马达1个

全彩LED灯模块1个

红外测距传感器1个

触碰传感器1个

其他配件

智能点读笔1支

白色手机充电器1个

充电线(Type-C)1根

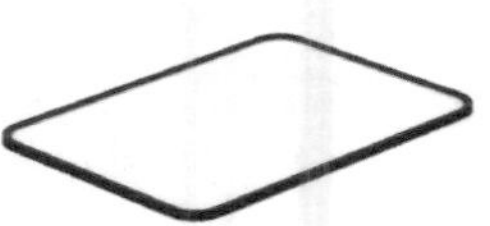
编程2.0小白板1块

磁卡82张

大颗粒电子积木使用手册1本

目录

第七单元：交通运输本领大

摇摆的小船

帆船是利用风力前进的船，是继舟、筏之后的一种古老的水上交通工具，已有5000多年的历史。本节课会通过图画引导幼儿了解帆船的相关知识。通过指令编写，控制船帆的运行方向与速度。探究帆船的结构特点，巩固齿轮垂直传动的知识，并感知控制电子积木的乐趣。

- 认识帆船，了解帆船的相关知识。
- 在实践过程中锻炼耐心、不急躁。
- 根据自己的兴趣设计游戏活动，感受游戏乐趣。
- 巩固蜗轮蜗杆和垂直传动。
- 能够辨别图形的复杂特征，并完成配对。
- 通过指令编写，能够控制帆的运动方向与船速。

★ 你能根据规律帮助这些帆船找到右边对应的船帆吗？并用线连接起来。

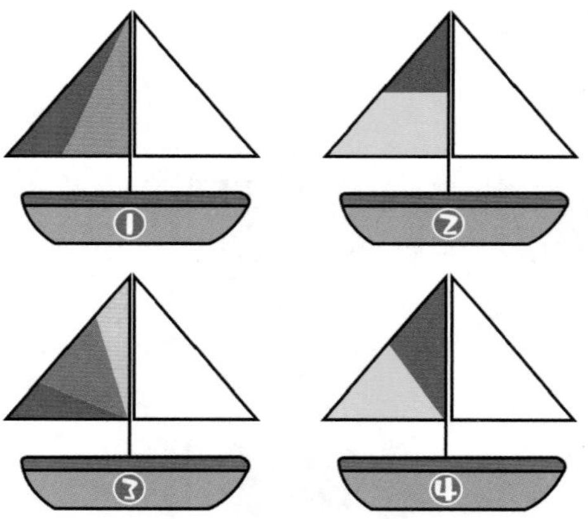

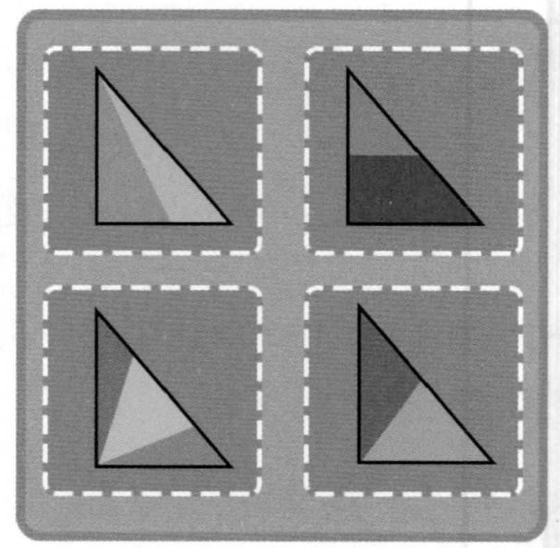

★ 发挥你的想象，给小船涂上漂亮的颜色吧！

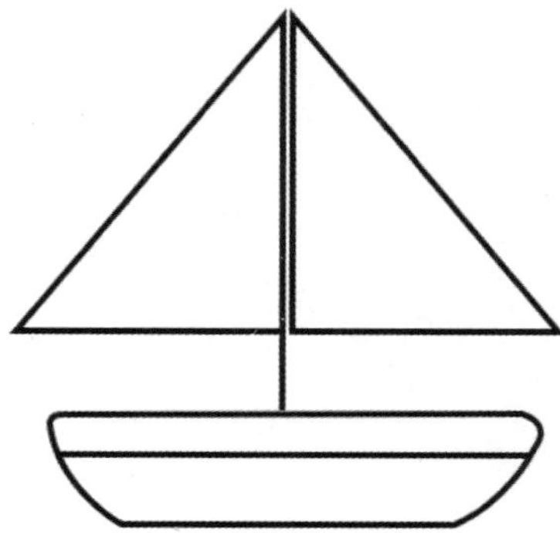

创意搭建

1 搭建参考 船体

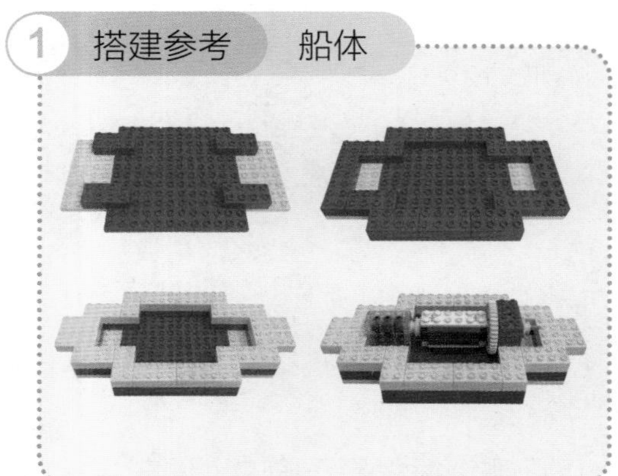

2 搭建参考 桅杆和船帆 1

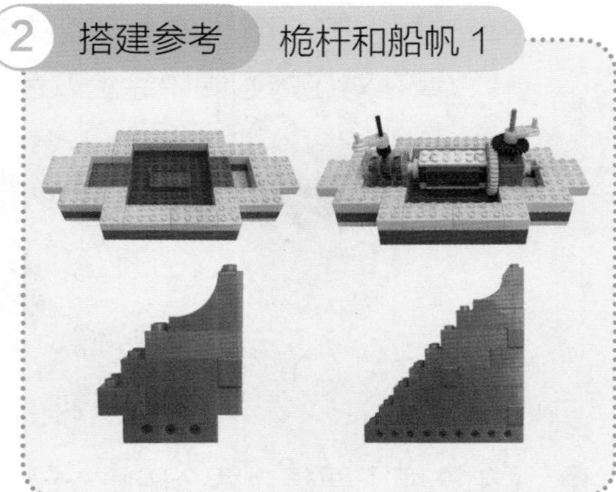

3 搭建参考 桅杆和船帆 2

4 编程参考

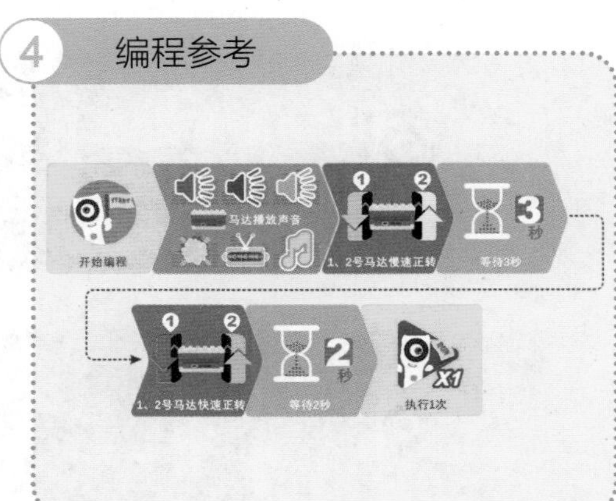

总结与延伸

1. 本节课的重点和难点在于两个船帆之间的连接，以及齿轮的垂直传动；
2. 引导幼儿编写指令，观察船帆的运动方向与船的速度，探究事物之间的关联。

★【单选题】下面哪块积木可以让船帆跟着轴旋转？请在对应的圆圈中涂上颜色。

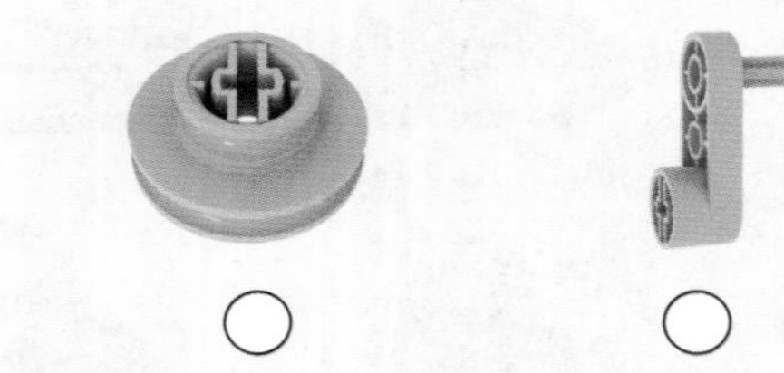

★【单选题】要想让两个船帆一起旋转，下面哪组编程是正确的？请在对应的圆圈中涂上颜色。

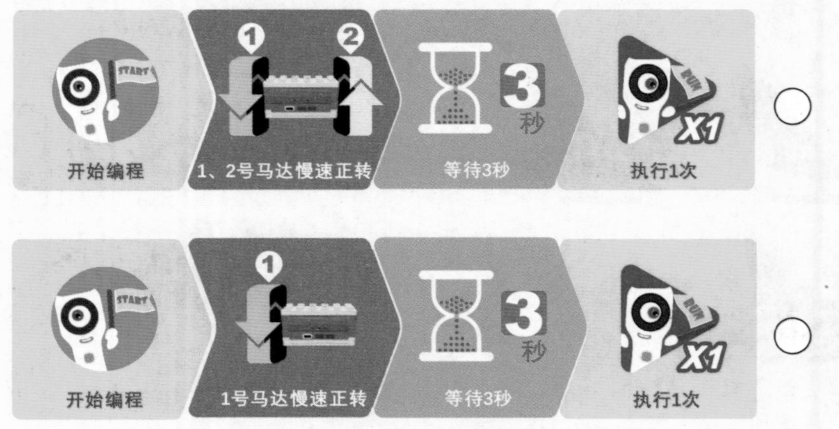

移动的冰激凌车

作品导语

本节课会通过搭建可移动的冰激凌店，让幼儿了解移动商店的特点。通过小游戏，让幼儿认识不同的形状并进行形状的辨别。同时，通过互动游戏，让幼儿进一步认识形状、辨别颜色。此外，通过编程，让幼儿探究遮阳篷的开合，掌握音乐编程卡的使用。

学习目标

- 了解冰激凌车的结构组成。
- 情绪积极稳定，能够进行自我行为管控。
- 与同伴友好相处，尊重他人不同的想法。
- 巩固蜗轮蜗杆自锁功能及两点固定结构。
- 能够辨别形状和颜色，并通过编程，探究遮阳篷的开合，掌握音乐编程卡的使用。
- 模拟角色，体会与同伴交往的快乐。

主题作品

★ 请认真思考一下，下面哪种轮子可以帮助冰激凌车动起来。

★ 根据图中每个小朋友想吃的冰激凌图案，在每个甜筒上用彩笔画出对应的颜色吧！

创意搭建

1 搭建参考 底盘和车轮

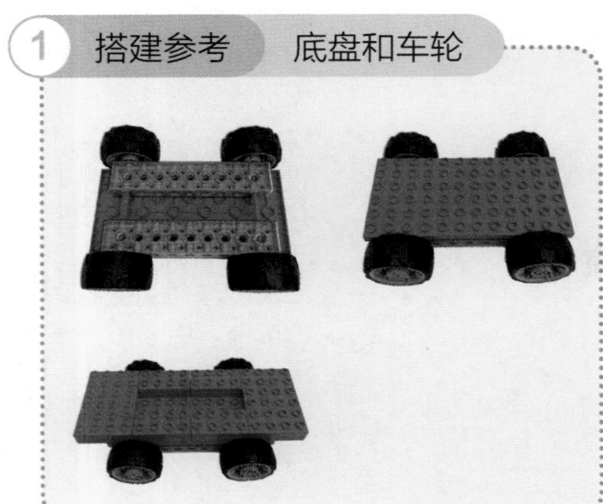

2 搭建参考 车身和遮阳篷

3 搭建参考 车顶和冰激凌

4 编程参考

★【单选题】哪个是正确的蜗轮蜗杆结构？请在对应的圆圈中涂上颜色。

★【单选题】请在下列编程卡中找到马达暂停指令。请在对应的圆圈中涂上颜色。

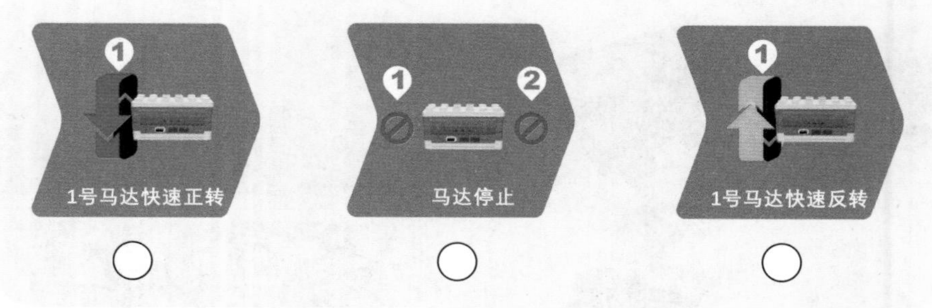

总结与延伸

1. 本节课的难点在于遮阳棚的搭建。遮阳棚需要缓慢打开，所以在搭建车身的时候应先将蜗轮蜗杆结构搭建上去，这样就能够利用蜗轮蜗杆结构的减速功能实现遮阳棚的缓慢开合。
2. 家长可与幼儿进行角色扮演，给遮阳篷设置不同的开合时间，增加音乐指令，感受游戏乐趣。

大力士吊车

吊车是起重机的俗称，其独特之处在于不受地形限制，且能做多种工作。本节课将引导幼儿认识吊车的基本结构，了解吊车的作用。通过搭建吊车模型，巩固蜗轮蜗杆结构及连杆的多种连接方式相关知识，并通过编程控制吊臂，完成运输任务。

- 了解吊车的结构，认识吊车在生活中的作用。
- 能够独立完成一些基本的搭建和操作活动。
- 较快适应环境发生的变化，具备一定的适应能力。
- 巩固对蜗轮蜗杆自锁和匀速运动结构的理解。
- 进行 5 以内的数字点数，并巩固顺序指令的编写。
- 激发幼儿对于机械原理的好奇心，培养探索精神。

★ 请根据吊车上的数字，将吊车与对应数量的货物连接起来吧！

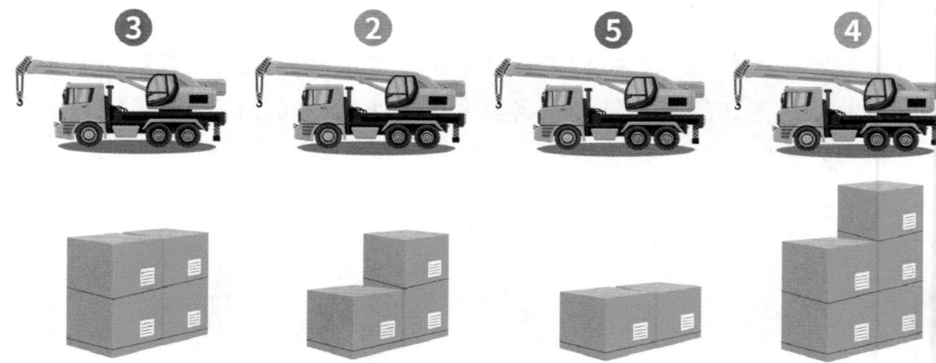

★ 下方工具栏中的结构分别对应阴影的哪个部位呢？请根据名称、方位、大小等进行描述。

创意搭建

1 搭建参考 轮子与底盘

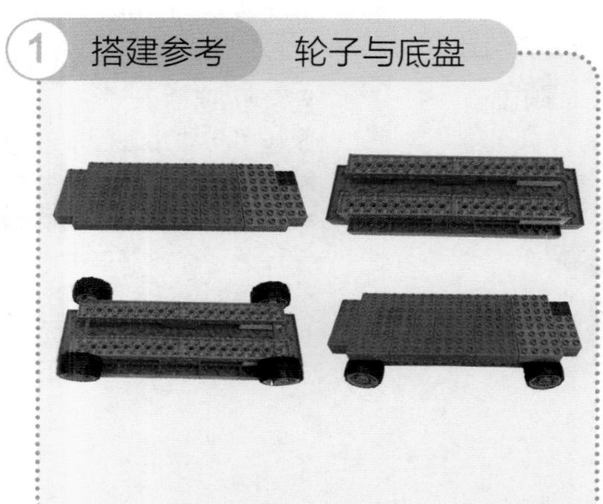

2 搭建参考 驾驶舱

3 搭建参考 吊臂和吊钩

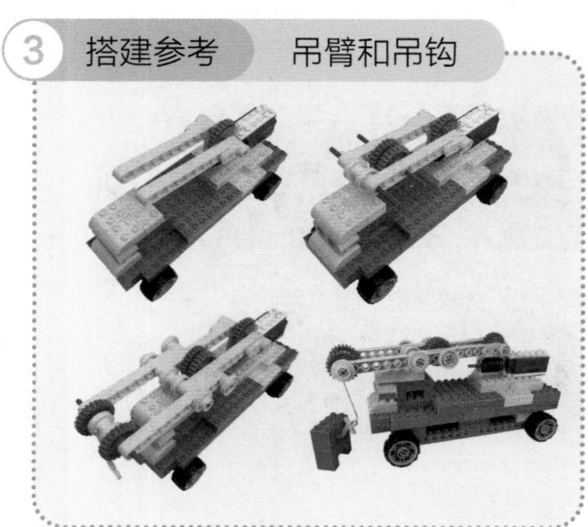

4 编程参考

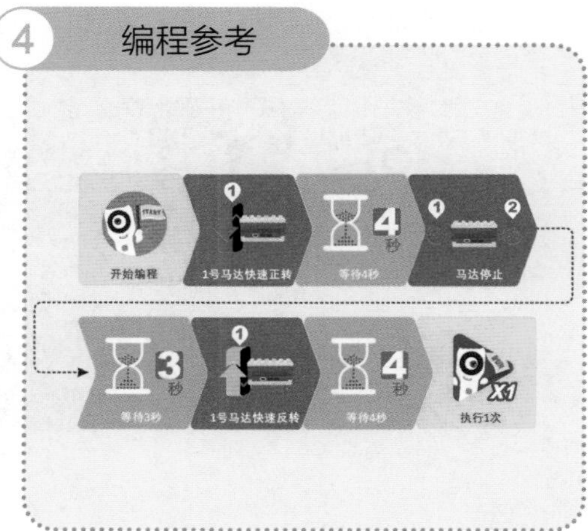

拓展游戏

★【单选题】观察一下，下面哪个是蜗轮蜗杆正确的连接方式？请在对应的圆圈中涂上颜色。

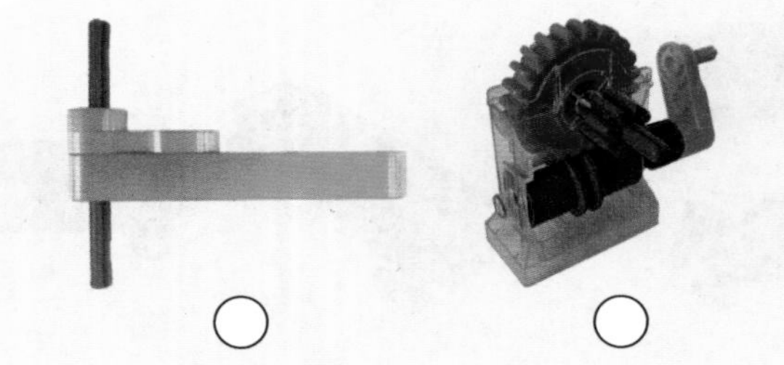

★【单选题】要想让吊车的吊臂抬起再落下，下面哪组编程是正确的？请在对应的圆圈中涂上颜色。

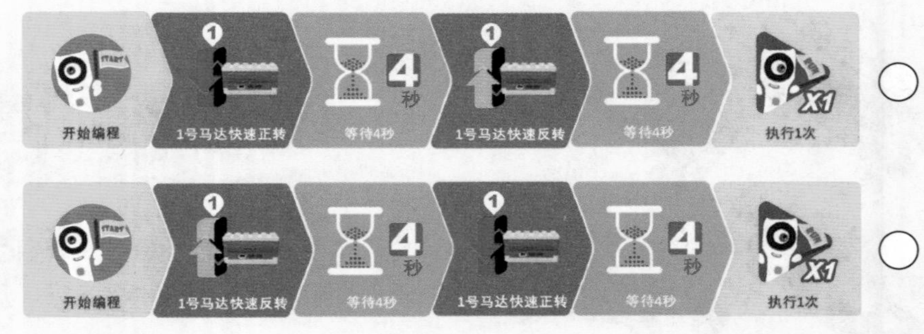

总结与延伸

1. 本节课的重点在于吊车吊臂结构的搭建，需要幼儿灵活应用蜗轮蜗杆结构，探究连杆的多种连接方式；
2. 家长可与幼儿进行任务游戏，设置运输起点与终点，通过编程完成运输任务，探究停止卡片的作用。

小个子叉车

作品导语

叉车是一种搬运车辆，通过本课程，幼儿将了解叉车的结构，知道叉车的主要功能是对货物进行装卸、堆垛和短距离运输。通过搭建叉车，探究四边形的不稳定性，并熟练使用蜗轮蜗杆结构。此外，通过给叉车编写运行指令，了解叉车的工作原理，并完成搬运任务。

学习目标

- 了解叉车的结构，认识叉车在生活中的作用。
- 愿意主动与他人交谈，并能保持情绪稳定。
- 能够轮流分享，并能按照自己的想法进行活动。
- 巩固对蜗轮蜗杆结构自锁和减速功能的理解，并探究四边形的不稳定性。
- 进行 5 以内的数字点数，巩固顺序指令的编写。
- 增强幼儿对于机械原理的好奇心。

主题作品

★ 数一数，每辆叉车上有几箱货物，并在对应的数字格子中涂上颜色。

★ 根据货物和仓库的颜色，请通过连线的方式，把货物送到对应的仓库中。

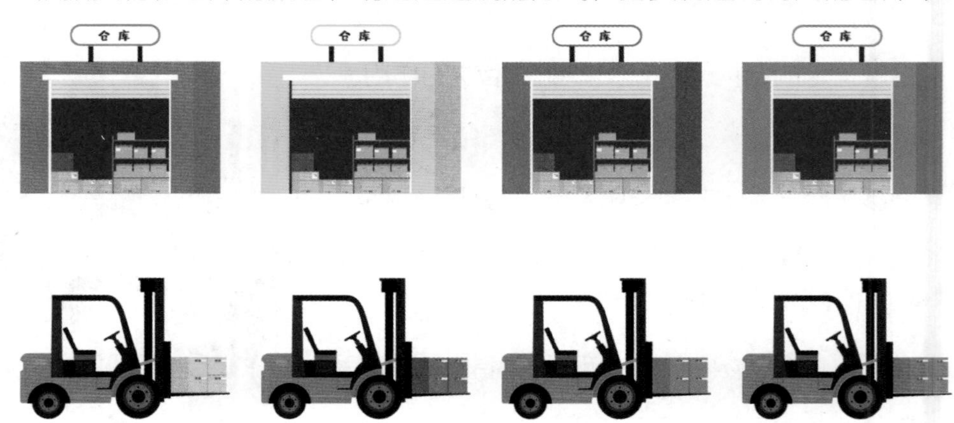

创意搭建

1 搭建参考 底盘

2 搭建参考 车身和控制装置

3 搭建参考 货叉和货物

4 编程参考

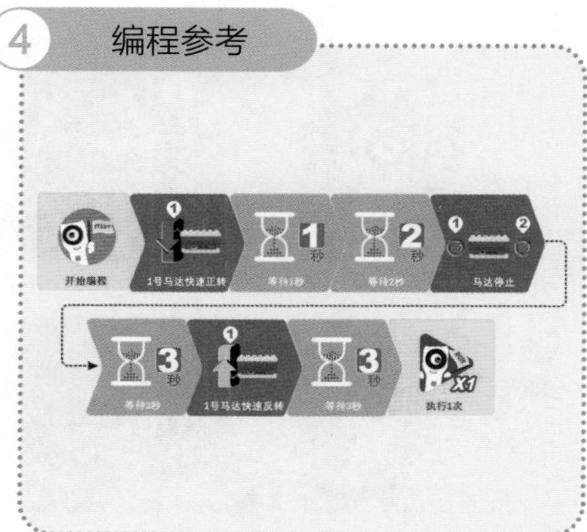

★【单选题】观察一下，下面哪个是蜗轮蜗杆正确的连接方式？请在对应的圆圈中涂上颜色。

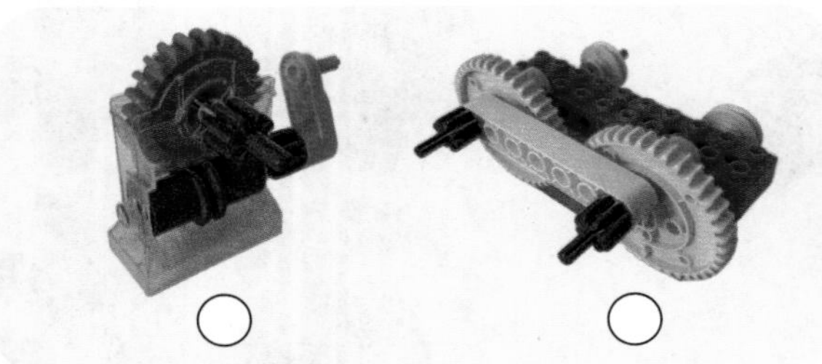

总结与延伸

1. 本节课的重点在于货叉结构的搭建，需要幼儿将蜗轮蜗杆与连杆结构组合应用，探究并利用四边形的不稳定性；
2. 家长可与幼儿进行任务游戏，指定货物和仓库地点，幼儿通过编程完成运送货物入库的任务，探究 5 秒的不同组合方式。

★【多选题】要想让叉车的货叉运行 5 秒，下面哪几组编程是正确的？请在对应的圆圈中涂上颜色。

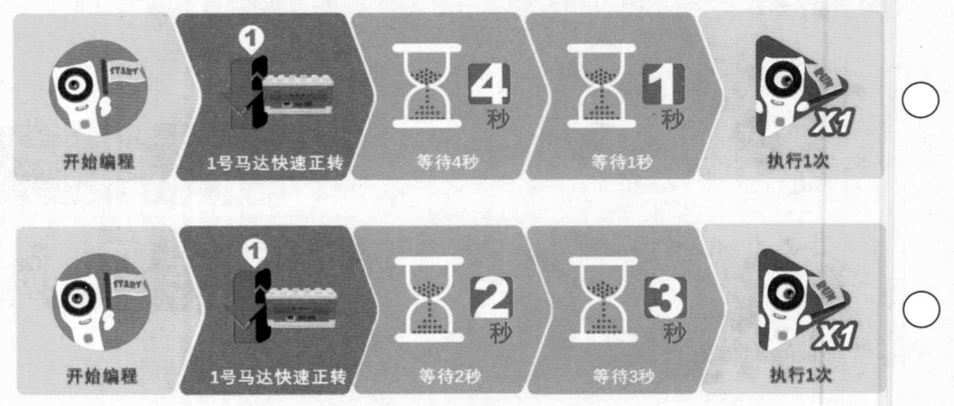

路面清洁车

作品导语

幼儿在日常生活中会见到很多工程车，它们各自具有不同的功能和名称。本节课会通过有趣的动画和图片，帮助幼儿了解扫地车的功能特点以及保护环境的重要性。学习皮带传动、齿轮平行传动的特点以及齿轮减速的相关知识。通过编程设置清洁车的运行逻辑，设置灯光变换的指令，并完成清洁任务。

学习目标

- 认识路面清洁车的结构组成。
- 情绪保持积极稳定，能够进行自我行为管控。
- 懂得爱护我们的生存环境。
- 探究皮带传动、多齿轮传动及两点固定结构的工作原理。
- 通过编程学会设置清洁车的运行逻辑，编写灯光指令，并完成清洁任务。
- 了解环境对人类生活的重要性，懂得保护环境。

主题作品

【单选题】下面哪个是路面清洁车呢？请在对应的圆圈中涂上颜色。

找到对应的图案，把它们用线连接起来吧！

创意搭建

1 搭建参考 底盘和轮子

2 搭建参考 清洁刷

3 搭建参考 车身

4 编程参考

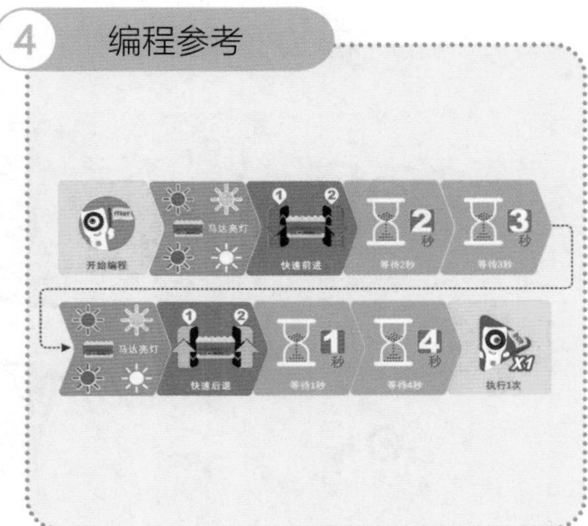

总结与延伸

1. 本节课需要让幼儿巩固多齿轮的不同传动方式，理解其原理并合理应用；
2. 了解灯光的运行逻辑，能够根据任务设置不同的灯光，巩固 5 以内的秒数指令。

★【多选题】观察一下，搭建清洁刷时应用了哪些齿轮传动结构？请在对应的圆圈中涂上颜色。

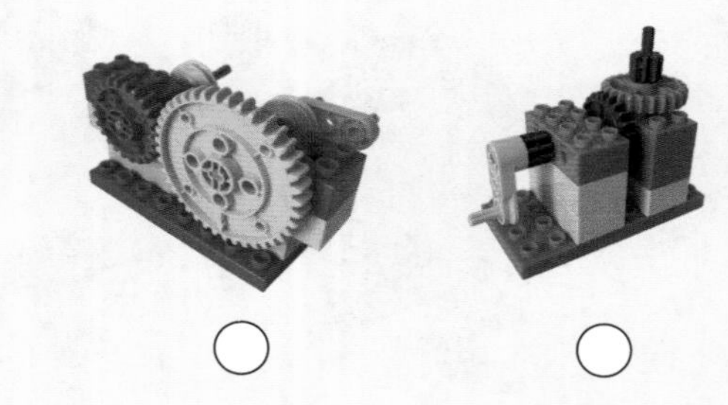

★【单选题】路面清洁车要实现红灯亮的同时快速前进 3 秒，下面哪组编程是正确的？请在对应的圆圈中涂上颜色。

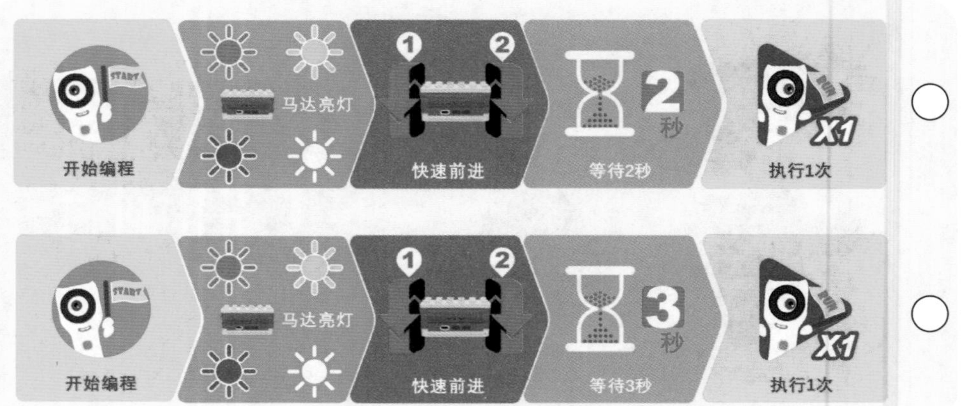

救援直升飞机

直升飞机是一种军民两用的工具，通常用来运输、巡逻和救护等，本节课会引导幼儿了解直升飞机的作用及结构，学会使用冠状齿轮连接螺旋桨，通过编写指令设置直升飞机的灯光及运行状态，巩固 5 秒指令的编写，并完成救援任务。

- 了解救护直升飞机的用途及应用场景。
- 不怕困难，乐于想象和创造。
- 遵守课堂行为准则，珍惜他人的劳动成果。
- 巩固多齿轮传动和两点一线结构的知识。
- 学会编写指令，设置直升飞机的灯光及运行状态，并巩固 5 秒指令的编写。
- 通过救援游戏进行角色扮演，增强安全意识。

★ 请把相同类型的飞机用线连接到一起。

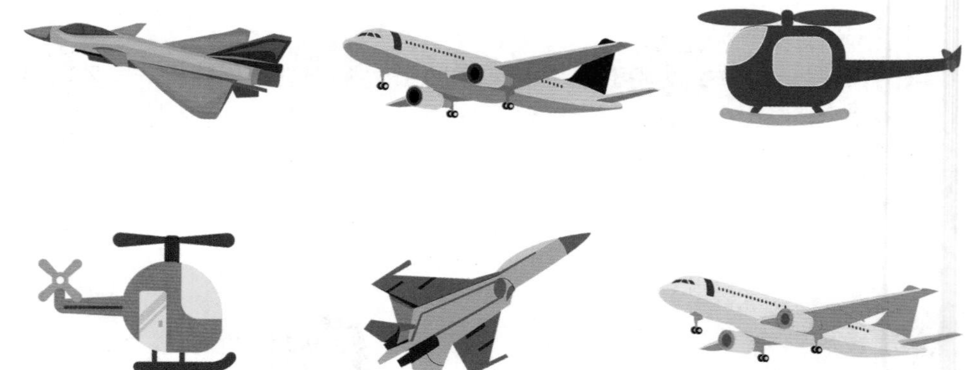

★【多选题】你知道直升飞机有哪些用途吗？请在对应的圆圈中涂上颜色。

创意搭建

1 搭建参考 起落架和驾驶室

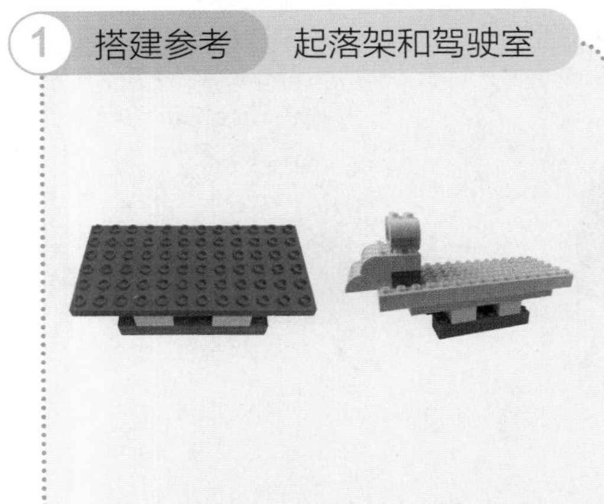

2 搭建参考 机身

3 搭建参考 旋翼和尾翼

4 编程参考

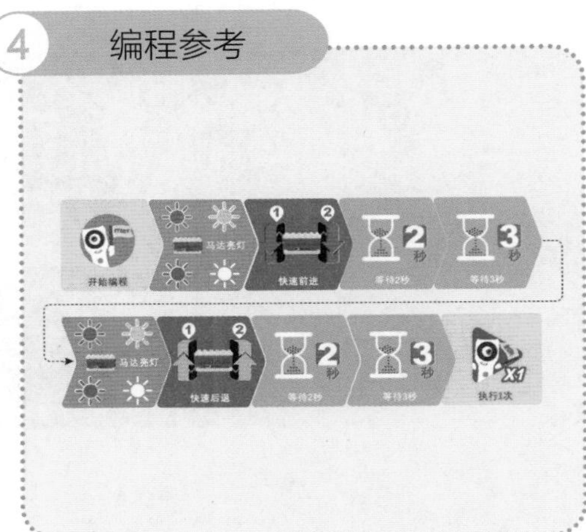

★【单选题】哪组是正确的齿轮垂直传动结构？请在对应的圆圈中涂上颜色。

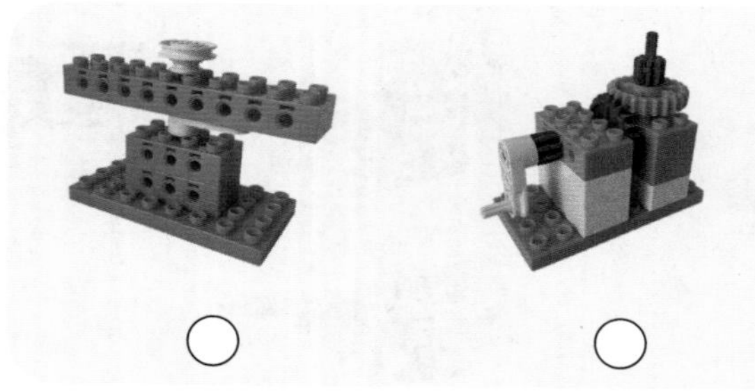

★【单选题】要完成“红灯亮—快速前进—5 秒延时”的指令要求，下列哪组编程是正确的？请在对应的圆圈中涂上颜色。

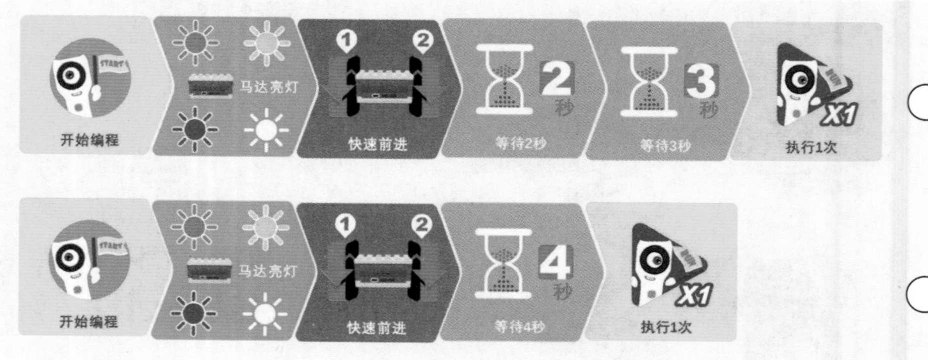

总结与延伸

1. 本节课的重点在于直升飞机的主体搭建，让幼儿利用齿轮垂直传动结构带动旋翼和尾翼运行；
2. 巩固灯光的运行逻辑，能够根据任务设置不同的灯光，巩固 5 以内的秒数指令。

第八单元：一起去游乐场

安检机显身手

作品导语

在生活中，当我们出入很多公共场所，如乘坐地铁、去游乐园时，都需要经过安检。本节课会引导幼儿了解安检机的功能及结构组成，知道履带的作用，并熟练使用惰轮结构进行搭建。通过编程设置安检机的运行逻辑，探究灯光和声音的应用。

学习目标

- 了解安检机的使用流程和注意事项。
- 情绪稳定、愉快，适应群体生活。
- 根据自己的兴趣设计游戏活动，感受游戏乐趣。
- 巩固惰轮的搭建结构，探究履带的连接。
- 设置安检机的运行逻辑，探究灯光和声音的应用。
- 通过角色扮演，与小伙伴模拟安检过程，丰富生活常识。

主题作品

★ 在我们的生活中哪些场所需要使用安检机？

★ 【多选题】哪些危险物品是不能带到游乐园的？请在对应的圆圈中涂上颜色。

创意搭建

1 搭建参考 物品安检机 1

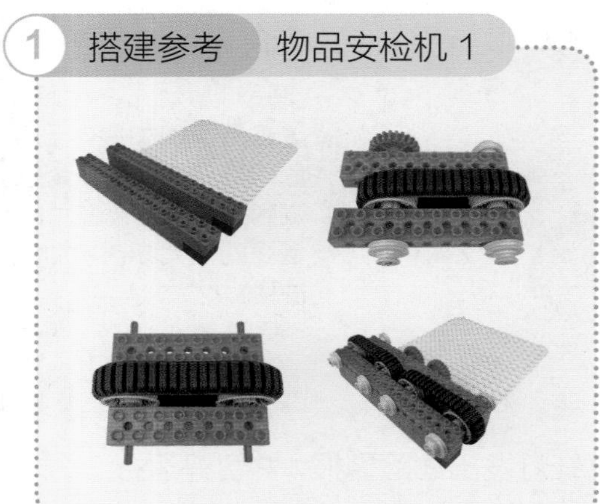

2 搭建参考 物品安检机 2

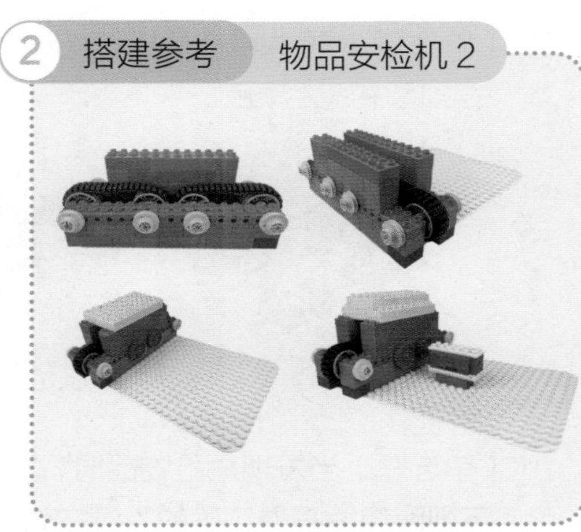

3 搭建参考 人体安检机

4 编程参考

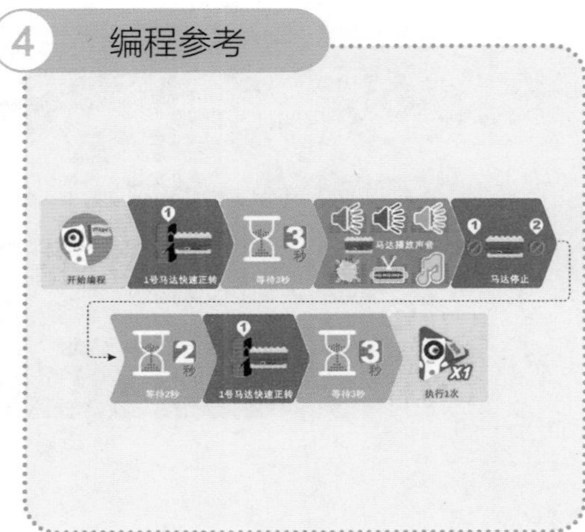

总结与延伸

1. 本作品搭建的难点在于幼儿对于惰轮结构及履带连接技巧的掌握与应用；
2. 家长可与幼儿一起设置任务，例如检测到危险物品会怎样，检测到正常物品会怎样，增强幼儿对条件判断的理解。

★【单选题】图中哪个是惰轮结构？请在对应的圆圈中涂上颜色。

★【单选题】当发现危险物品时，需要亮红灯发出危险警报，并暂停运行。下列哪组编程是正确的？请在对应的圆圈中涂上颜色。

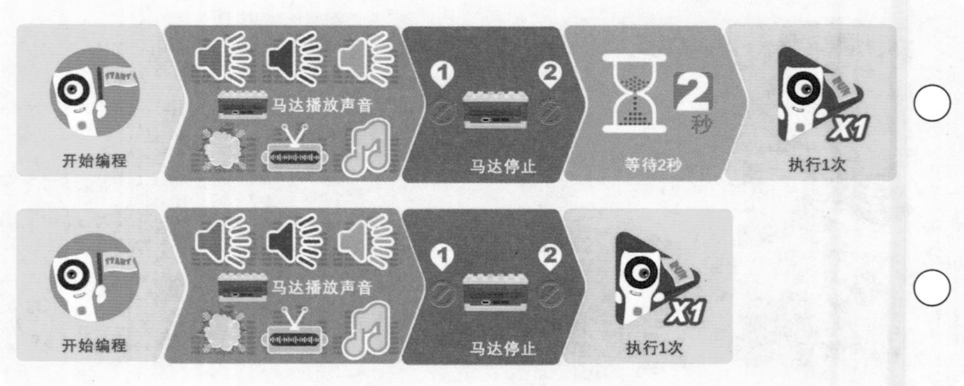

观光缆车

作品导语

缆车是由驱动机带动钢丝绳，牵引车厢沿着钢丝绳在有一定坡度的地方运行的运输工具。本节课将会通过图画引导幼儿了解缆车在不同地方的作用，并认识缆车的结构。在搭建缆车时，使用齿轮箱和定滑轮进行传动，帮助缆车实现上行和下行。同时，在编程环节，让幼儿通过测试和观察，判断缆车运行时马达的转动方向，并选择合适的马达转动时间。

学习目标

- 了解乘坐缆车的注意事项和在缆车上的文明行为。
- 自己能做的事情尽量自己做，不依赖他人。
- 能够关注到他人的情绪，具有同理心。
- 感受拉力，探究定滑轮的应用。
- 测试缆车上行和下行所需要的时间，选择合适的时间卡片。
- 知道缆车在不同地方的作用和为我们带来的便利。

主题作品

★ 缆车会出现在生活中的哪些地方？

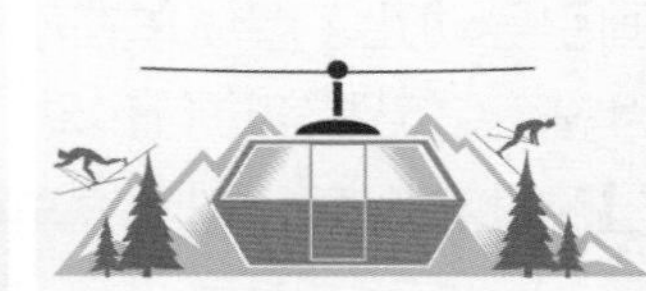

★ 【多选题】下列图中，哪些是不文明的行为，请在对应的圆圈中涂上颜色。

创意搭建

1 搭建参考 出发站台和终点站台

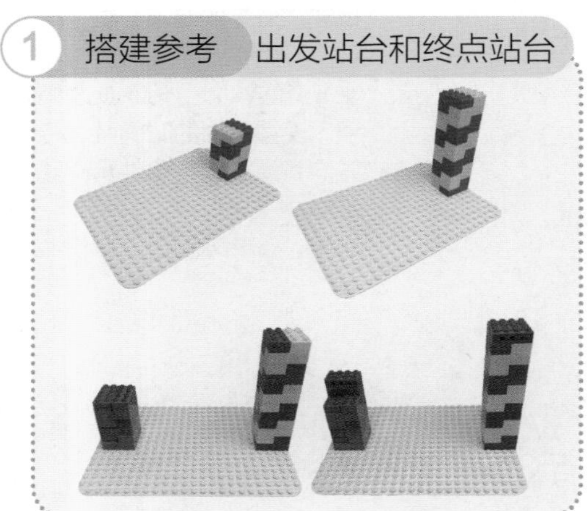

2 搭建参考 钢索

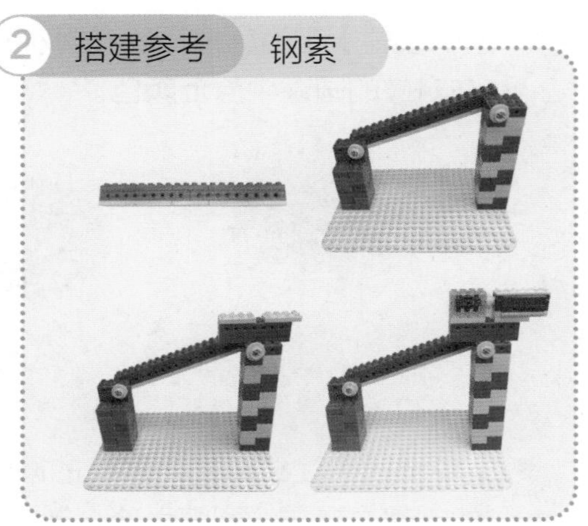

3 搭建参考 缆车与场景

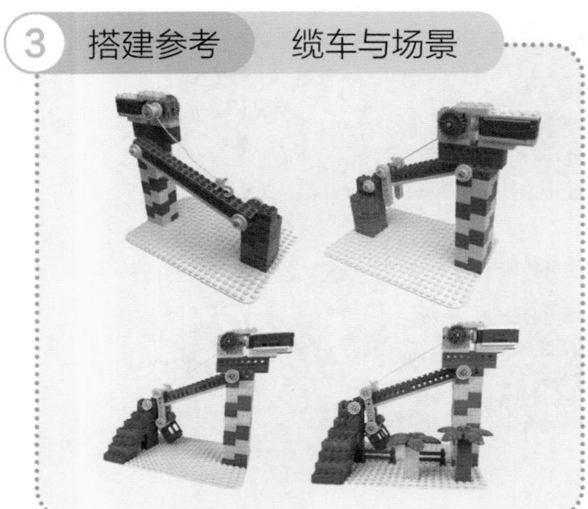

4 编程参考

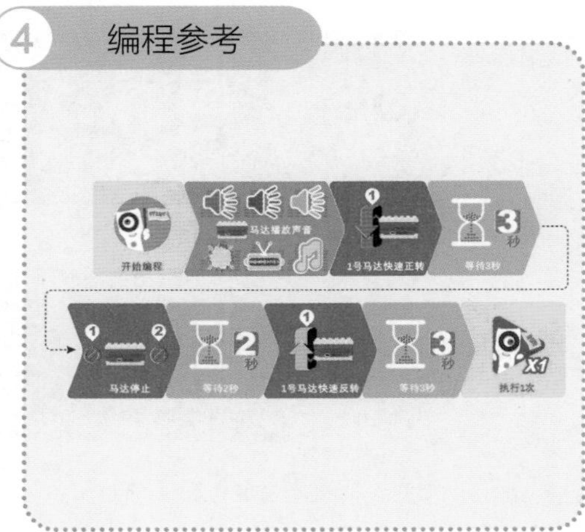

观光缆车

★【单选题】定滑轮应固定在哪种积木上？请在对应的圆圈中涂上颜色。

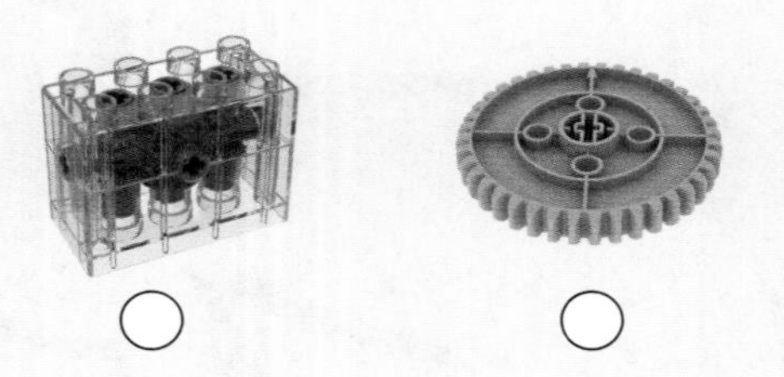

★【单选题】让缆车发出声音的同时上行 3 秒，下列哪组编程是正确的？请在对应的圆圈中涂上颜色。

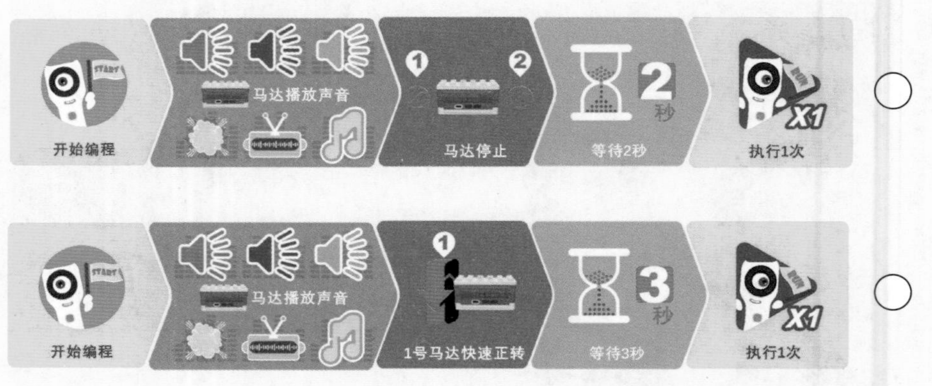

总结与延伸

1. 本节课搭建的难点在于幼儿需理解缆车的运行过程，探究定滑轮的使用，感受什么是拉力；
2. 家长可与幼儿一起通过编程，设置不同的时间及运行方向，增加运行条件及游戏难度。

旋转木马转呀转

作品导语

旋转木马是游乐园的常见项目。本节课会带领幼儿了解旋转木马的结构组成，学习如何熟练使用冠状齿轮进行搭建，探究底板和黄梁的连接方式，发挥幼儿想象力和创意，搭建个性小木马。通过编写指令让旋转木马运行起来，并探究彩灯模块的使用方法及运行时间和方向。

学习目标

- 知道旋转木马是游乐园的游乐设施，并分析其结构组成。
- 根据场所调节自己的声音大小，使用礼貌用语。
- 遵守社会规则，使用文明语言。
- 巩固冠状齿轮的连接方法，并探究规律搭建转盘。
- 学会通过编写指令让旋转木马运行起来，探究彩灯模块的使用方法及运行时间和方向。
- 发挥想象进行小木马的搭建，并了解游戏规则。

主题作品

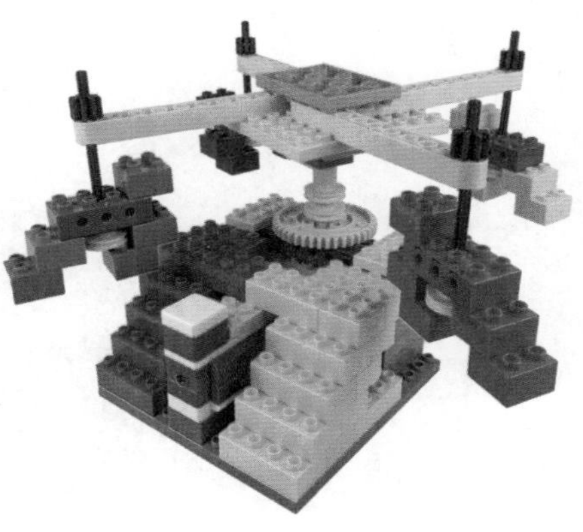

★ 当我们去游乐园游玩时，需要遵守哪些规则？

★ 每只小动物分别坐在了几号木马上？请在右边把小动物和对应的号码连接起来。

① 搭建参考 底座和支架

② 搭建参考 顶棚和木马

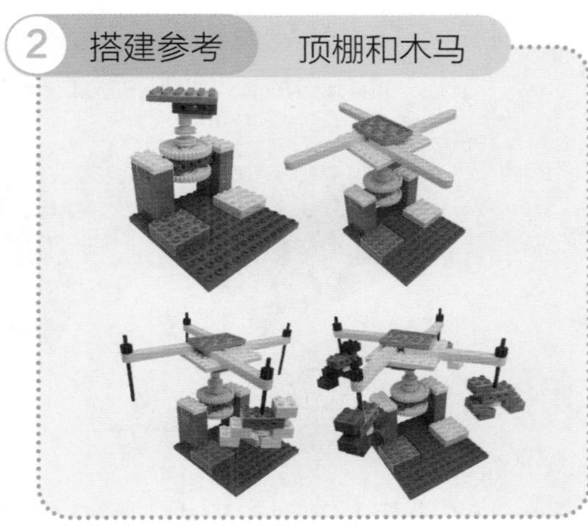

③ 搭建参考 动力装置和场景

④ 编程参考

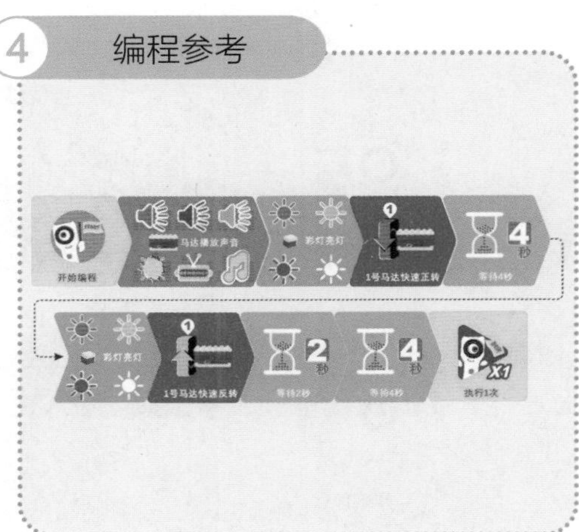

★【单选题】搭建旋转木马时，使用了哪种机械结构？请在对应的圆圈中涂上颜色。

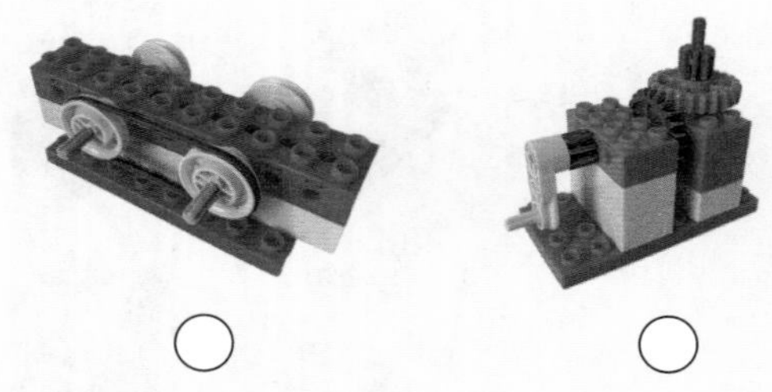

★【多选题】下列编程中，哪几组可以实现让彩灯和马达同时运行？请在对应的圆圈中涂上颜色。

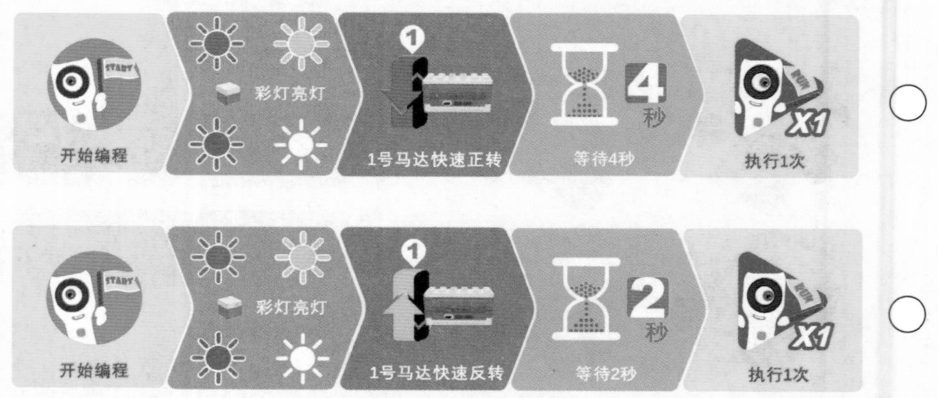

总结与延伸

1. 本节课搭建的难点在于让幼儿巩固齿轮垂直传动结构和两点固定结构，并进行合理布局，找到安装小木马的技巧；
2. 家长可与幼儿一起通过编程，给木马设置不同的运行时间及方向，并探究彩灯模块的应用逻辑。

刺激的跳楼机

幼儿最喜欢去的地方莫过于游乐场，但有些惊险刺激的项目他们却不敢体验。今天这节课将带领幼儿玩惊险刺激的跳楼机。使用电子积木控制跳楼机的运行，既能感受到跳楼机的刺激，又能体会到工作人员的辛苦。同时，本节课还会巩固多齿轮的平行传动和惰轮结构的应用，通过编程设置跳楼机的运行，使用触碰传感器卡片控制跳楼机上行和下行，并选择合适的马达卡片和时间卡片，控制跳楼机的运行方向和运行时间。

- 简单了解跳楼机的基本结构及运行原理。
- 学会正面接受失败，勇于挑战自己。
- 能够自主制定游戏规则，并遵守课堂规则。
- 巩固多齿轮的平行传动和惰轮结构的应用。
- 探究跳楼机的运行逻辑，学会辨别方向和秒数叠加。
- 感受游戏的乐趣和技巧，了解工作人员的工作内容。

主题作品

★ 下面哪些行为是正确的，哪些行为是错误的？说说为什么。

★ 数一数，每个队列有几个人在排队，并与对应的数字连接起来。

③ ④ ⑥

第八单元：一起去游乐场

创意搭建

1 搭建参考 底座和支柱

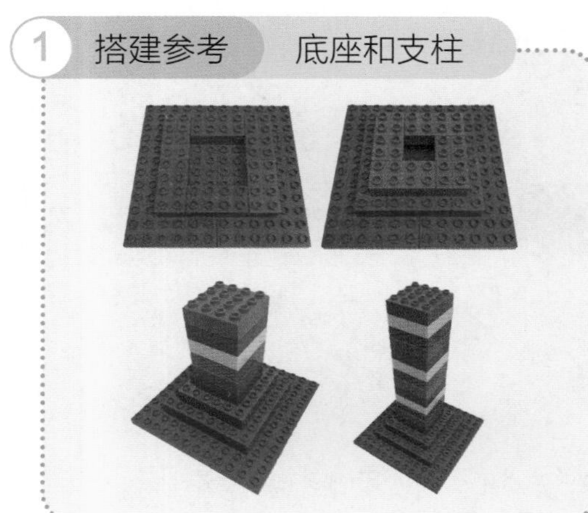

2 搭建参考 座椅

3 搭建参考 控制装置

4 编程参考

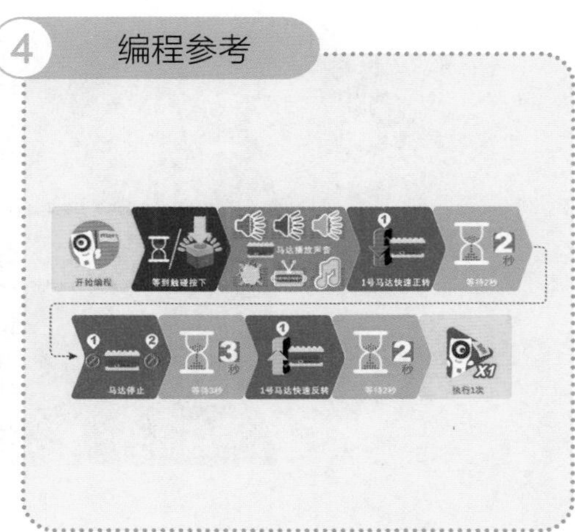

★【单选题】下图中，哪个多齿轮平行传动结构是正确的？请在对应的圆圈中涂上颜色。

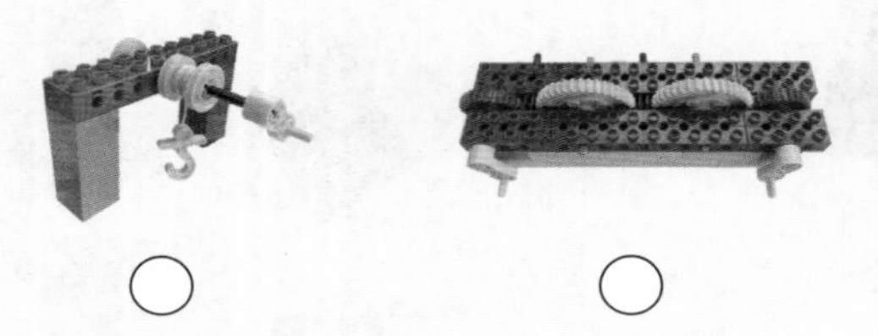

总结与延伸

1. 本作品的难点在于搭建控制装置，需要使用多齿轮平行传动结构，用绳索来控制座椅，并在座椅两边各固定一根绳索；
2. 探究如何编写指令，可以让座椅上下运动。测试合适的时间，感受游戏的乐趣。

★【单选题】当按下触碰按钮时，马达运行 3 秒，下面哪组编程是正确的？请在对应的圆圈中涂上颜色。

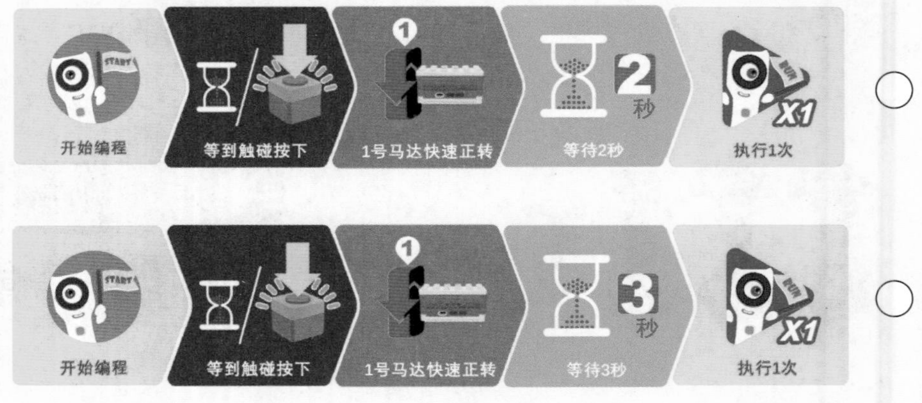

梦幻摩天轮

作品导语

摩天轮是一种大型圆盘状的机械建筑设施，乘客可以坐在座舱从高处俯瞰四周景色。本节课将带领幼儿认识摩天轮的结构组成，熟练使用蜗轮蜗杆结构，并通过编写指令让摩天轮运行起来，探究其运行时间和方向的控制，巩固彩灯模块的应用。

学习目标

- 简单了解摩天轮的基本结构及运行原理。
- 学会正面接受失败，勇于挑战自己。
- 能够自主制定游戏规则，并能够遵守课堂规则。
- 巩固蜗轮蜗杆结构的应用。
- 编写指令使摩天轮运行起来，探究运行时间和方向的控制方法，巩固彩灯模块的应用。
- 感受游戏的乐趣和技巧，了解工作人员的工作内容。

主题作品

★ 游乐园太大了，请你画出正确的路线，帮助乐乐找到摩天轮的位置吧！在要经过的格子内画上“○”吧！

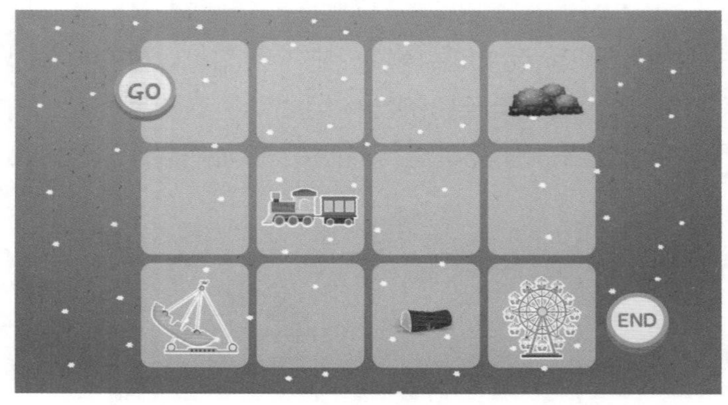

★ 小动物们在玩摩天轮，仔细观察小动物的位置，并在下面的问题中填上对应位置的字母。

创意搭建

1 搭建参考 底座和支架

2 搭建参考 轮盘

3 搭建参考 座舱

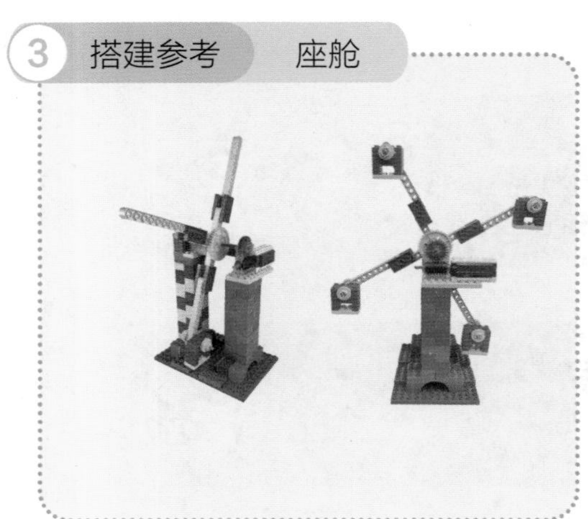

4 编程参考

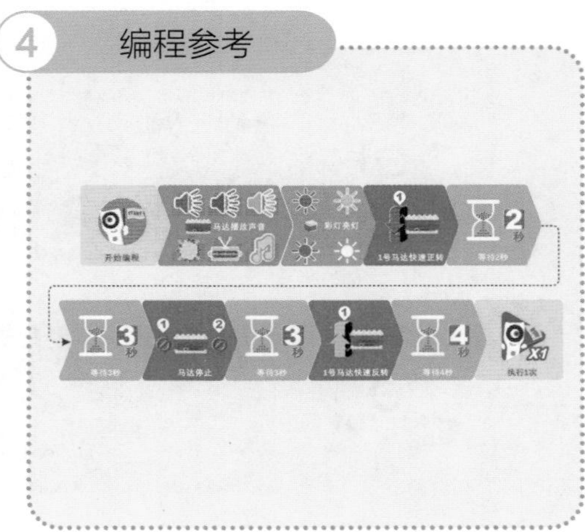

★【单选题】在下图中找到正确的蜗轮蜗杆结构。请在对应的圆圈中涂上颜色。

○ ○

总结与延伸

1. 本作品制作的难点在于轮盘结构的搭建，需要让幼儿仔细观察和思考，找寻安装规律，并正确运用蜗轮蜗杆结构进行驱动；
2. 家长可与幼儿一起设计任务，进行角色扮演，设置不同的时间及运行方向，巩固对彩灯模块的应用。

★【单选题】要想让摩天轮发出音乐的同时运行 4 秒，下列哪组编程是正确的？请在对应的圆圈中涂上颜色。

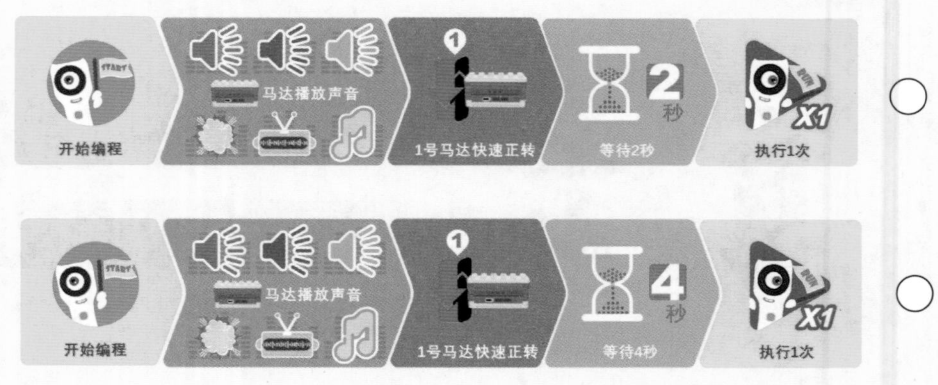

○

○

疯狂大摆锤

作品导语

在游乐场里有很多游乐项目，其中最刺激的莫过于大摆锤。乘坐大摆锤的限制有很多，幼儿往往不能体验。为了让幼儿也能探寻大摆锤的惊险和刺激，本节课会让幼儿探究大摆锤的结构，进行路径规划，巩固起点和终点概念，了解乘坐大摆锤的注意事项。同时，通过编程巩固条件判断指令，学习触碰传感器的应用逻辑，完成大摆锤的运行任务。

学习目标

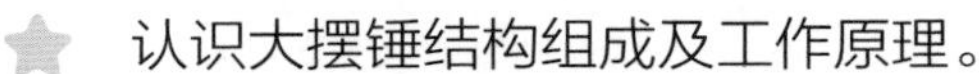

- 认识大摆锤结构组成及工作原理。
- 感受游戏乐趣，积极参与活动。
- 了解在公众场合须遵守的规则。
- 巩固齿轮传动及个体布局的概念。
- 巩固条件判断指令，学习触碰传感器的应用逻辑。
- 了解游乐园游玩的流程步骤和注意事项，感受其中的乐趣。

主题作品

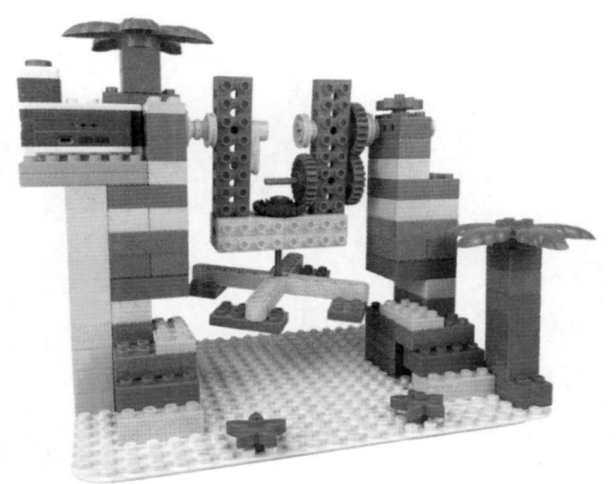

★ 观察下图，请帮我找找哪条路可以到达大摆锤，并把它画出来吧！

★ 仔细观察，请根据工具栏中的结构，将其与阴影中的对应位置连接起来吧！

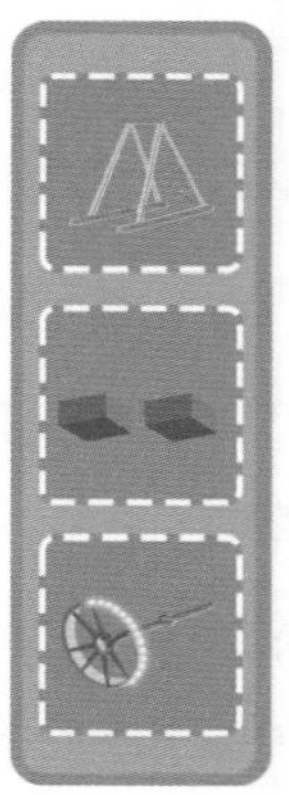

创意搭建

1 搭建参考 支架

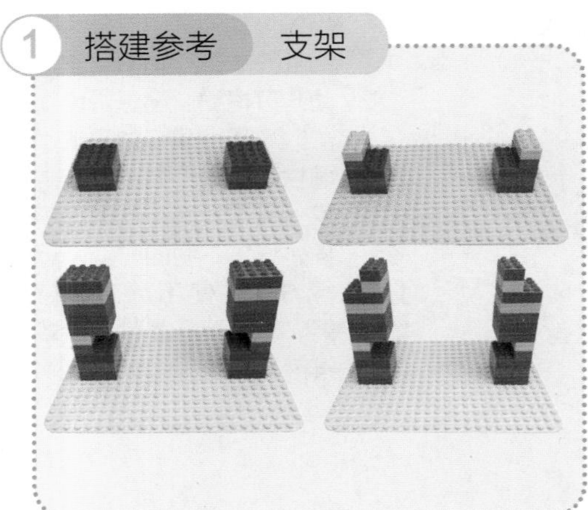

2 搭建参考 摆锤和吊挂装置

3 搭建参考 动力装置

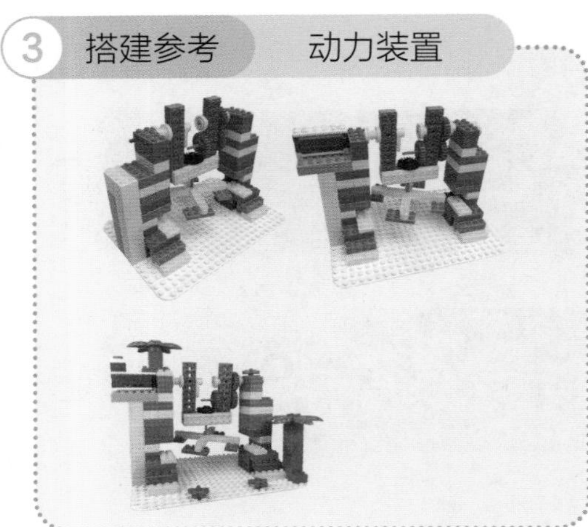

4 编程参考

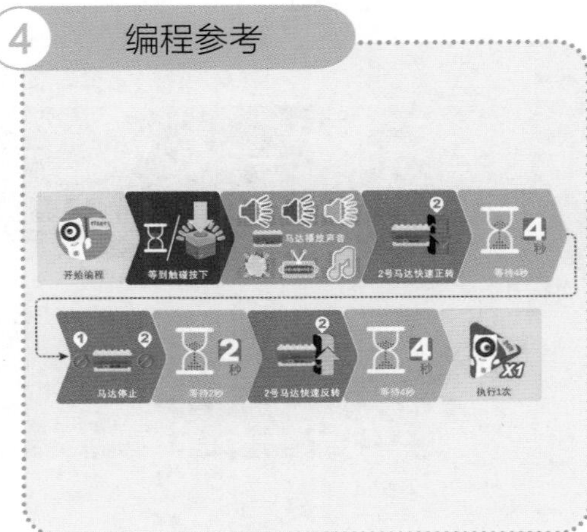

★【单选题】下图结构中，哪组是齿轮垂直传动结构？请在对应的圆圈中涂上颜色。

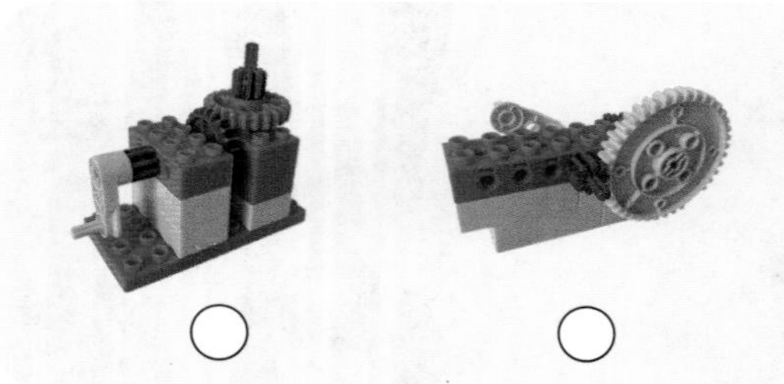

总结与延伸

1. 本作品搭建的难点在于多齿轮传动，其中涉及齿轮的平行传动和垂直传动；
2. 幼儿可根据自己想法增加一些场景搭建，如绿植、栅栏等；
3. 家长可与幼儿一起通过编程，设置不同的时间及运行方向，使用触碰传感器，增加运行条件及游戏难度。

★【单选题】下列编程中，哪组增加了触碰传感器指令？请在对应的圆圈中涂上颜色。

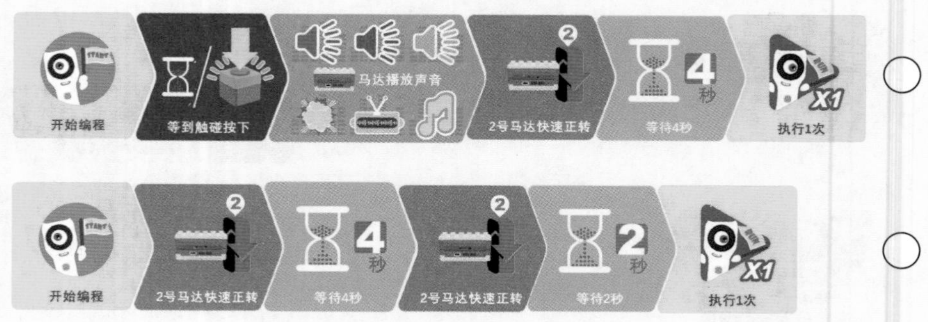

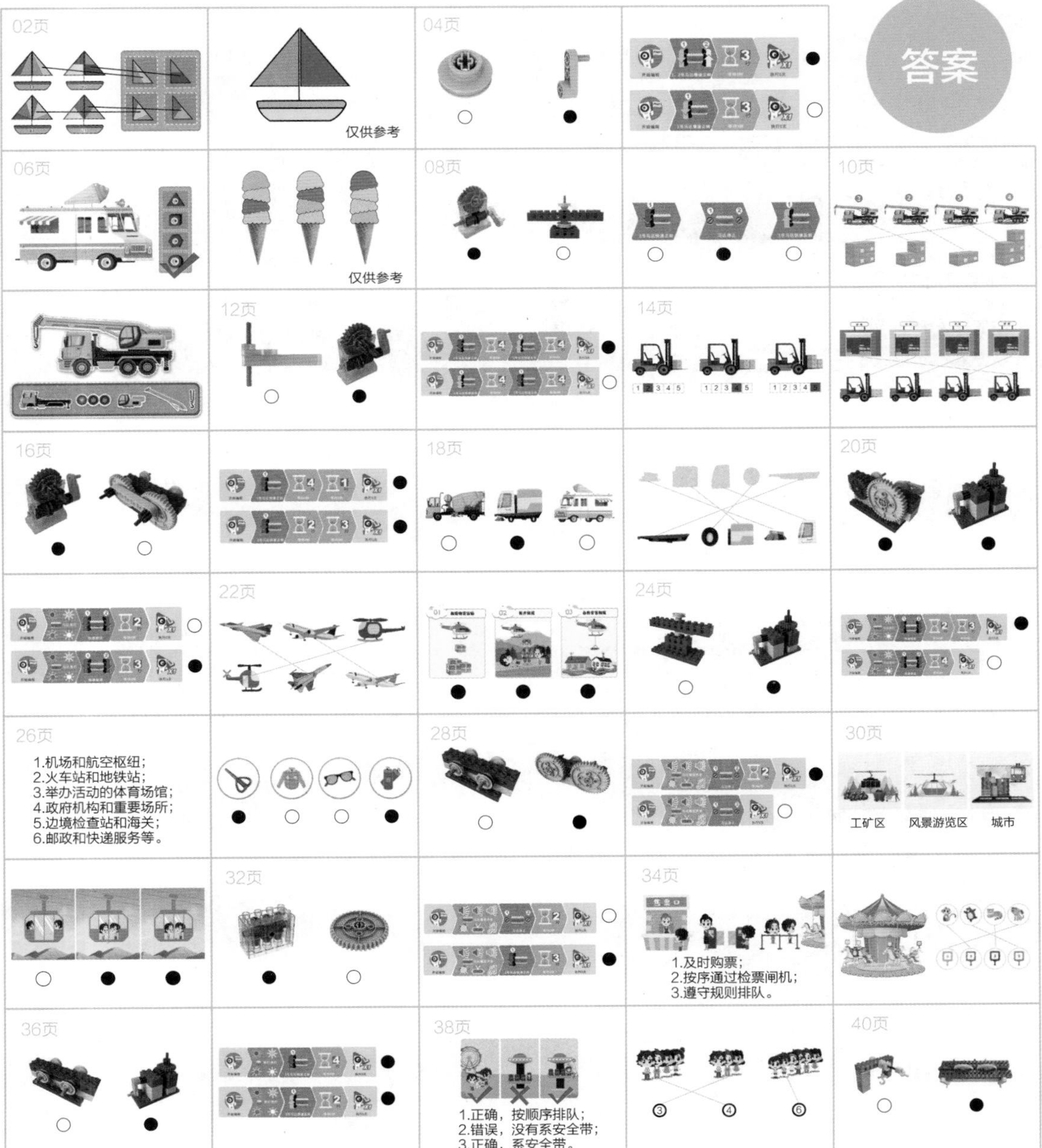
答案
02页
仅供参考
04页
06页
仅供参考
08页
10页
12页
14页
16页
18页
20页
22页
24页
26页
1.机场和航空枢纽；
2.火车站和地铁站；
3.举办活动的体育场馆；
4.政府机构和重要场所；
5.边境检查站和海关；
6.邮政和快递服务等。
28页
30页
工矿区
风景游览区
城市
32页
34页
1.及时购票；
2.按序通过检票闸机；
3.遵守规则排队。
36页
38页
1.正确，按顺序排队；
2.错误，没有系安全带；
3.正确，系安全带。
40页

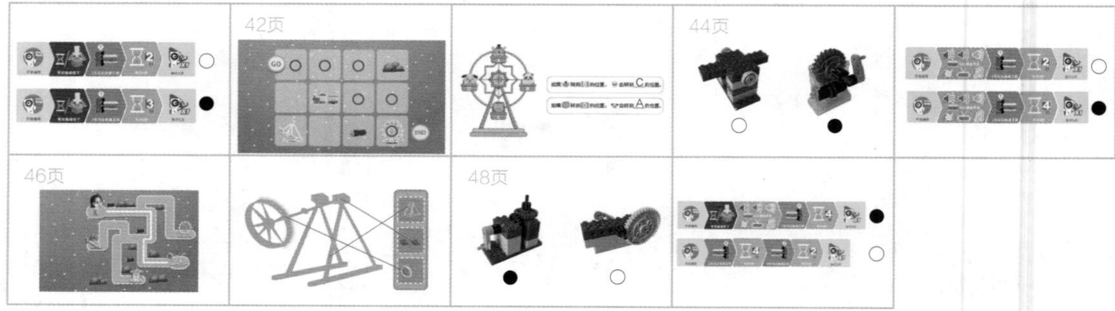
42页
44页
46页
48页

搭建原理

互锁结构

此结构是最常用的结构之一，使用砌墙一样的方法，把上下两层的积木错开垒放，使搭建的结构更加牢固。

平面互锁

转角式立体互锁

立体互锁（内缩式）

立体互锁（外扩式）

两点固定

此结构通过两个滑轮或者一个曲柄实现两点固定。当转动轴时，黄梁结构会跟随旋转。

杆加长

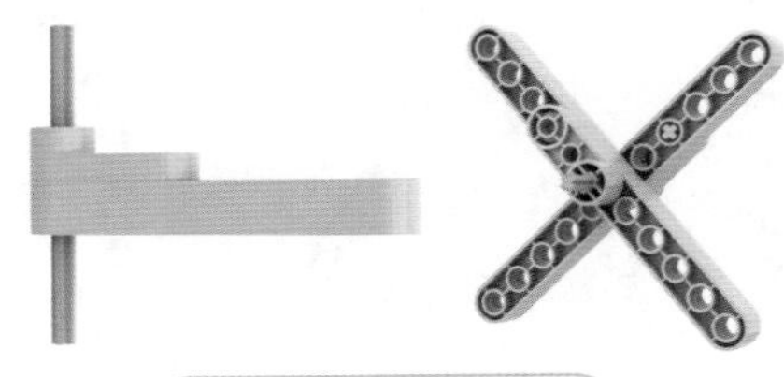

轴杆固定

杠杆结构

通过支点，实现省力、改变方向等传动效果，多用于跷跷板或者能开合的结构。

跷跷板结构

杠杆结构

形状认知

感受不同形状的特性，借助积木增强对形状的认识。

三角形（具有稳定性）

四边形（不具有稳定性）

合页结构

轴与孔形成合页结构，实现绕轴运动或摆动的状态，可应用于门的搭建。

滑轮合页

曲柄合页

汉堡包结构

通过汉堡包结构可让黄梁或者孔梁垂直立于桌面，探究积木的两点固定位置，可应用于支架的搭建。

随轴/绕轴旋转

此结构通过借助外力的作用，绕轴心进行旋转运动。

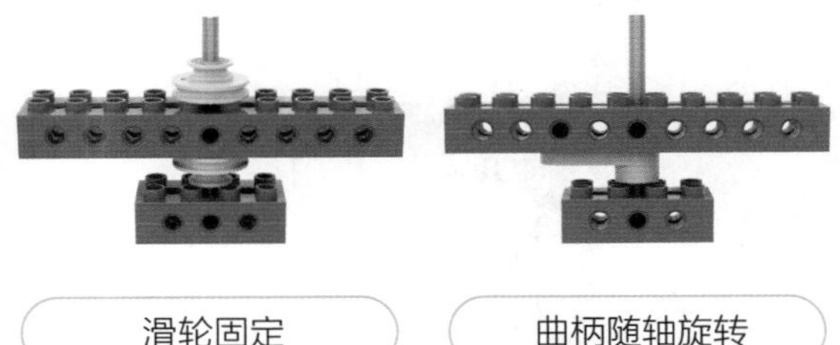

滑轮固定　　曲柄随轴旋转

皮带传动

将皮带固定于滑轮上，以此来传递动力。不同的放置效果会带来不同传动状态。

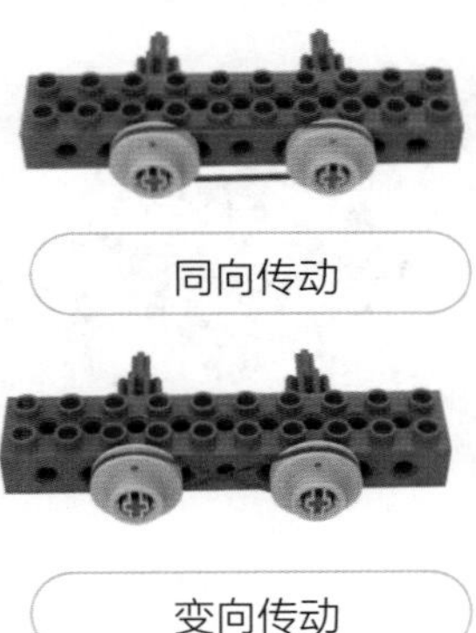

同向传动

变向传动

凸轮结构

这是一种用来实现周期性运动的结构，主要通过两点一线的原理将曲柄固定到齿轮上。

利用齿轮

棘轮结构

利用齿轮和其他积木实现依靠卡位结构进行单向旋转或反向锁死的运动效果。

棘轮棘爪结构

索传动

依靠滑轮和绳索钩子实现提升、拖拉等运动，常应用于电梯或者索道等。

滑轮+吊钩组合

连杆结构

连杆结构是应用比较广泛的结构，但也较为复杂，主要用于实现多种形式的摆动或者移动。

利用曲柄带动黄梁进行连杆运动

利用曲柄带动红梁进行连杆运动

齿轮做曲柄

齿轮传动

利用蜗轮或齿轮可以改变物体运动方向。蜗轮蜗杆传动不仅能改变物体运动方向，还有自锁的功能。

蜗轮蜗杆传动

齿轮垂直传动

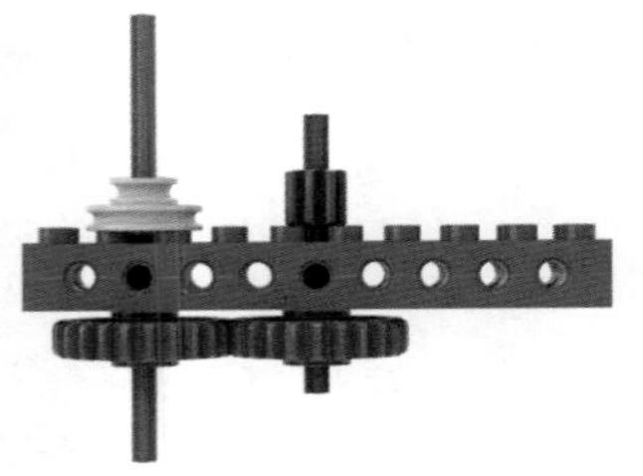

齿轮平行传动（常见）

齿轮平行传动（惰轮）

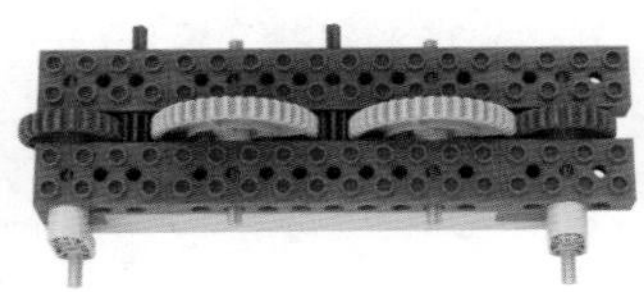

齿轮平行传动（多齿轮）

齿轮加减速

利用多齿轮进行传动，当大齿轮带动小齿轮时可实现加速运动；相反，当小齿轮带动大齿轮时可实现减速运动。

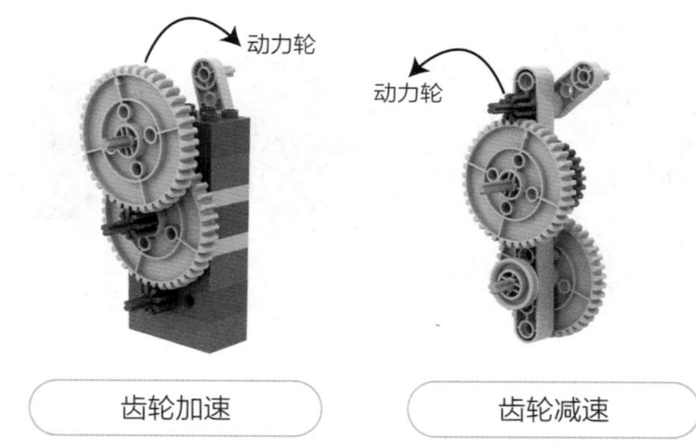

齿轮加速　　齿轮减速